犹太人
生存智慧全集

东篱子◎编著

中国华侨出版社

·北京·

图书在版编目 (CIP) 数据

犹太人生存智慧全集 / 东篱子编著 .—北京：中国华侨出版社，2006.04（2025.1 重印）

ISBN 978-7-80222-093-5

Ⅰ.①犹… Ⅱ.①东… Ⅲ.①犹太人 – 人生哲学 – 通俗读物 Ⅳ.① B821-49

中国版本图书馆 CIP 数据核字（2006）第 028625 号

犹太人生存智慧全集

编　　著：东篱子
责任编辑：刘晓燕
封面设计：胡椒书衣
经　　销：新华书店
开　　本：710 mm × 1000 mm　1/16 开　　印张：12　　字数：130 千字
印　　刷：三河市富华印刷包装有限公司
版　　次：2006 年 4 月第 1 版
印　　次：2025 年 1 月第 2 次印刷
书　　号：ISBN 978-7-80222-093-5
定　　价：49.80 元

中国华侨出版社　北京市朝阳区西坝河东里 77 号楼底商 5 号　邮编：100028
发 行 部：（010）64443051　　　　　　　传　真：（010）64439708

如果发现印装质量问题，影响阅读，请与印刷厂联系调换。

前言

犹太民族是一个古老的民族，在人类文明史上占有极其重要的地位，近现代的犹太人给世界带来了商业的高度繁荣。犹太人作为全世界公认的"世界第一商人"，几千年来历尽艰辛和屠戮，掌握了丰富而系统的赚钱经验和生存智慧。

犹太商人赚钱强调以智取胜。犹太人认为，金钱和智慧两者中，智慧比金钱重要，因为智慧是能赚到金钱的智慧，也就是说，能赚钱方为真智慧。这样一来，金钱成了智慧的尺度，智慧只有化入金钱中才是活的智慧。他们对钱有着极其特殊的敏感，这直接导致了他们在商业领域具备敏锐的嗅觉。是财富让犹太人得以生存繁衍，是财富带来了犹太民族的勃勃生机。

其实，犹太人的成功并不只表现在经商上，他们在政治、科研、军事、教育等各个领域都有出类拔萃的表现。优秀的犹太人具备一些走向成功的特质，正是靠这些特质，犹太民族在商业上才能够一枝独秀。更重要的是，犹太民族是一个善于不断学习、不断创新的民族，用智慧去创造财富是犹太人的最大特征，这也是我们要学习和借鉴的。

犹太人的做事方式给人一种特立独行的感觉，他们做事极富效率。这首先基于犹太人看问题时独到的角度和眼光。千百年来的做事准则规范着他们的处世方式，能让他们看问题直指核心，做事情善走捷径。

每个人都希望拥有智慧，每个人都希望成功，但是犹太人的成功告诉我们，人的智慧、成功不是与生俱来的，也不是从天而降的，而是需要付出艰苦的努力。

本书对犹太人的成功背景做了系统的分析和总结，归纳出的犹太人特有的智慧要素适用于今天的每一个人，希望它能给读者带来有益的启示和切实的帮助。

目 录

 **自立智慧：**
遵循一套自己独有的立世原则

犹太人非凡的成就来自其非凡的智慧，这种智慧是在千百年受挤压、求立足的艰难过程中养成的独到的生存之道。犹太人对于金钱的观念、对于契约的执守、对于知识和实用智慧的追求，都使他们无论在什么时期、什么环境下，始终以这一套独有的立世原则让自己处于不败之地。

第一章　把学习作为终生的使命 / 002

1　以求知精神积累起丰富的知识 / 002

2　学习是一切美德的本源 / 004

3　什么时候开始学习都不算晚 / 008

4　认准"一定要读书"这个死理 / 010

5　学习造就了"世界第一商人" / 012

第二章　决不做影响信用的事情 / 016

1 即使吃大亏也要遵守契约 / 016

2 把契约的形式和订约的目的性有机结合 / 018

3 口头的允诺也有足够的约束力 / 022

4 履行合同要做到不折不扣 / 025

5 依法纳税而决不干偷税漏税的傻事 / 028

6 遵守契约又要善于利用契约 / 030

第三章　重智慧胜于重金钱 / 035

1 与门第、出身相比更看重智慧 / 035

2 智慧的高低决定着赚钱的多少 / 037

3 拥有智慧可以创造利益 / 040

4 做个堂堂正正的精明人 / 044

5 用智慧念好生意经 / 047

6 变通是一种必不可少的经商智慧 / 049

目 录

 **处世智慧：**
独到的做事准则决定了不一样的成事途径

犹太人的做事方式给人一种特立独行的感觉，他们做事极富效率。这首先基于犹太人看问题时独到的角度和眼光，千百年来的做事准则规范着他们的处世方式，能让他们看问题直指核心，做事情善走捷径。

第一章　把逆境看做生活中不可缺少的磨炼 / 054

1　人必须透过黑暗才能看到光明 / 054

2　不怕失败才能征服失败 / 057

3　什么情况下都对未来充满希望 / 059

4　时刻具有危机意识 / 061

5　自强不息才能把握自己的命运 / 065

6　把苦难作为成功的最大动力 / 067

第二章　不一样的思路开创不一样的出路 / 071

1　只做需要自己认真思考的事情 / 071

2　变薄利多销为厚利适销 / 076

3　总能找到解决问题的出路 / 079

4　要想进一步就先退一步 / 082

5　以小搏大有什么不可以 / 084

6　利用规则也可以运用逆向思维 / 087

第三章　在双赢中赢取更大的成功 / 095

1　把双赢作为长富之道 / 095

2　追求权利与义务的统一 / 099

3　信奉"取之于社会，用之于社会"的人生哲学 / 102

4　向有困难的人伸出援助之手 / 105

5　雇主与雇员之间也要力争双赢 / 108

6　有钱大家一起赚 / 111

7　任何时候都不放弃任何一位犹太人 / 114

经商智慧：
成为生意场上规则的制定者

做生意有做生意的规则，犹太人以生意场上的卓越表现成为规则的制定

目 录

者。中国人常说"无商不奸",如果把这里的"奸"理解为能算计、善于利用和创造一切机会、善于让投入产生尽量大的利润,那么无疑,犹太人是世界上最"奸"的商人。

第一章 明白细节决定成败的道理 / 118

1 在细节处节省金钱 / 118

2 把握了细节也就把握住了运气 / 121

3 盯紧女人觅商机 / 125

4 在吃上下功夫能赚大钱 / 129

5 施展"多做一点"的魅力 / 132

6 切莫轻视日常小节和小事 / 135

第二章 先学会理财才有可能发财 / 140

1 制定全面的理财计划 / 140

2 理财要有目标 / 142

3 改正错误的消费习惯 / 146

4 不要总犯理财错误 / 148

5 花钱的学问比赚钱的本领更重要 / 150

6 收入要始终超过支出 / 152

第三章 借力登梯才能爬得更高 /156

1 只有傻瓜才拿自己的钱去发财 /156

2 借来东风好赚钱 /165

3 成功者都有一套借力的本领 /170

4 创业阶段更要善于借力 /173

5 要善于集合他人的力量 /174

6 善于借助时势成就一番事业 /176

上篇

自立智慧：
遵循一套自己独有的立世原则

犹太人非凡的成就来自其非凡的智慧，这种智慧是在千百年受挤压、求立足的艰难过程中养成的独到的生存之道。犹太人对于金钱的观念、对于契约的执守、对于知识和实用智慧的追求，都使他们无论在什么时期、什么环境下，始终以这一套独有的立世原则让自己处于不败之地。

第一章

把学习作为终生的使命

犹太人把学习作为民族立身的根本,同样,每一个犹太人也把学习作为个人生存的有力武器。犹太人追求知识、勤于学习和善于学习的精神令人震撼,由此,犹太人也为自己打开了一条通往财富与成功的高速通道。

1 以求知精神积累起丰富的知识

不管在世界的哪个角落,犹太人每天都在做的一件事就是不断地以知识充实大脑;不管身处社会的哪一个阶层,犹太人总是把学习作为第一要务。他们可能有的暂时缺少财富,但从来不缺的就是孜孜以求的好学精神。所以,在世界范围内的各个领域,独领风骚的犹太人比比皆是。

先看看这几位思想界的大师级人物:科学社会主义理论的创造者马克思,精神分析学的开创者弗洛伊德,泛神论大师斯宾诺莎,现象学大师胡塞尔，社会学和政治学魔法大师马克思·韦伯，符号学大师卡西尔，哲学大师维特根斯坦、马尔库塞、弗洛姆、卢卡契、波普尔都是犹太人。在文学和艺术领域，西方现代派文学的奠基人卡夫卡、诗人海涅、诺贝尔文学奖得主贝娄、音乐家门德尔松、作曲家马勒、世界超现实主义画家毕加索等都是犹太人。另外，在电影界，好莱坞的大导演斯皮尔伯格、奥斯卡金像奖获得者达斯汀·霍夫曼、保罗·纽曼等都是犹太人。在政界，亨利·基辛格、第一夫人贝隆、和平使者拉宾、以色列之父本·古里安也都是犹太人。而在自然科学界，犹太科学家更是不计其数，其中爱因斯坦可谓让所有的科学家黯然失色。

在世界经济舞台上，随处可见犹太人卓越不凡的身影。在经济理论研究方面，有大卫·李嘉图、诺贝尔经济学奖得主K.J.阿罗、P.A.萨缪尔森、西蒙等这样世界级的经济学大师；在经济管理方面，有美联储主席格林斯潘这样的杰出代表；在金融领域，华尔街的金融家近一半是犹太人，J.P.摩根、莱曼、所罗门兄弟、乔治·索罗斯都是顶尖级的人物；在实业界，亨利·福特、洛克菲勒、缪塞尔、哈默的威名至今让人发聋振聩；在传媒业中，除路透、普利策等，还有CBS的威廉·佩利，NBC的萨尔诺夫，《纽约时报》的奥克斯等都是犹太人；在影视娱乐界，好莱坞简直就是犹太人的天下，最早的好莱坞开拓者，米高梅公司的创始人高德温、华纳四兄弟、派拉蒙、福克斯公司的创始人均是犹太人……

犹太人在世界民族中的非凡成就，是与他们孜孜不倦、不断探索的求知精神分不开的。

犹太民族何以让知识保持长久的魅力，并能存故纳新，不断繁荣呢？答案就是，求知精神！

犹太人固有的学习传统，作为一种卓有成效的培养、激发人们学习积极性的价值观念，深深浸透着犹太人的独特智慧，也促使犹太智慧发扬光大。学习的过程就是学习的目的之一，知识的获得就是目的的实现，有了这样的观念和心态，才可能孜孜不倦、无悔无怨地勤学不辍。

"取法乎上，得其中；取法乎中，得其下。"以学习为职责的犹太人，在履行职责的同时，实现的是其他许多民族梦寐以求的兴旺发达的目标。

2 学习是一切美德的本源

联合国教科文组织的一项调查表明，在人均拥有图书和出版社的比例中，以色列超过了世界上任何一个国家，为世界之最。

除教科书和再版书外，以色列年出版图书达2000种以上。14岁以上的以色列人平均每月读一本书。

以色列全国共有公共图书馆和大学图书馆1000多所，平均不到4000人就有一所公共图书馆。

以色列办出的借书证有100余万个，相当于以色列全国500多万人的1/5。

犹太人真是一个"书的民族"。在耶路撒冷、特拉维夫或其他以色列的城市中，最多的公共建筑是咖啡馆和大大小小的书店。以色列人的一天往往从一张报纸、一杯咖啡开始。而年轻的大学生则常常愿意在幽静的书店待上整整一天。

以色列每年都要在耶路撒冷举办国际图书博览会。博览会期间，成千上万的世界各地客人前来洽谈、采购，国内的参观、选购者也是人山人海，数不胜数。而每年春季举办的"希伯来图书周"则是以色列人自己的图书节。不少犹太人早早备好钱，像盼望一次盛会一样等待图书节的到来。

在"图书周"期间，以色列许多乡镇的街头、公园都变成了书的市场，人们也可以到大大小小的书店去购买各种廉价书籍。

犹太人可以随时在街头报刊亭里买到当天的《纽约时报》《世界报》和《泰晤士报》等，也可以在同一个书摊同时买到严肃的政治刊物和适应不同层次人对各种书刊的需求。

不少犹太人是典型的"书虫"和"书痴"，马路边、公园里、候车室中、汽车上，只要是有人群的地方，总能看见专心致志的阅读者。

犹太民族是个嗜书如命的民族，以色列是个书的国家，小小的以色列能在几十年中传奇般地崛起，这不能不说与他们爱读书学习、重视知识有关。

在犹太教中，勤奋好学不只是仅次于敬神的一种美德，而且也是敬神本身的一个组成部分。在世界上所有的宗教中，对神的虔信可以有程度的差异，但把学习和研究提到这样高度的，除了犹太教，几乎绝无仅有。

《塔木德》中写道："无论谁为钻研《托拉》而钻研《托拉》，均值得受到种种褒奖；不仅如此，而且整个世界都受惠于他；他被称为一个朋友、一个可爱的人、一个爱神的人；他将变得温顺谦恭，他将变得公正、虔诚正直、富有信仰；他将能远离罪恶、接近美德；通过他，世界享有了聪慧、忠告、智性和力量。"

学习之为善，在于其本身，它是一切美德的本源。

12世纪的犹太哲学家、犹太人的"亚里士多德"，精通医学、数学的迈蒙尼德则明确把学习规定为一种义务：

"每个以色列人，不管年轻年迈，强健羸弱，都必须钻研《托拉》，甚至一个靠施舍度日和不得不沿街乞讨的乞丐，一个要养家糊口的人，也必须挤出一段时间日夜钻研。"

由这一原则所带来的结果是形成了一种几乎全民学习、全民都有文化的传统。尽管并非人人都有"研习"的能力，但确实人人都把不同程度的"研习"视作分内之事。

不过，犹太人早期的学习主要以神学研究为取向，涉及面十分狭窄，像迈蒙尼德这样的博学家，可说是一个例外。因为拉比们唯恐犹太神学之外的知识，会使犹太青年迷失方向。因此，在现代以前相当长的一段时期内，在随着犹太移民的足迹先后建立的学术中心里，除了犹太教经典，尤其是《塔木德》之外，对世界上的其他知识是关注不够的。

到18世纪末，犹太教中还出现过一个反对经院哲学和学者主宰犹太事务的哈西德运动。其倡导者一度主张，一个人只要依靠虔诚和祈祷，也能升入天国，善的功业比伟大的知识更为重要。

可喜的是，为学习而学习的传统并未中断，哈西德派的大师们自己也很快"迷途知返"了。他们不再坚持虔诚比钻研更能达到较高境界，而是传布一种虔信与知识互为依赖的信仰。这意味着，即使本性并不虔诚，学者也能依靠自己的知识而变得虔诚；而本来虔诚的人则会更为其虔诚所驱使而致力于学术研究。

这样一种为学习而学习的传统，对长期流散的犹太人，尤其是其中的青年人来说，即使暂且不提在调节其心理、保持其民族认同方面所起的巨大作用，而从现代的立场上看，作为一种卓有成效的培养、激发人们学习积极性的价值观念来说，也深深浸透着犹太人的独特智慧。

犹太人在世界总人口中仅占0.3%，但在诺贝尔奖获得者中却占了15%，这一不成比例的比例，正是对这种价值、这种精神的证明。

当然，这样一种以自身为目的的活动，倘若是一项总体上无助于人类发展、纯粹虚耗生命的活动的话（这种现象在其他民族中不是没有），那么，显而易见，其目的价值越多，一个民族的实际生存能力就会越弱。如此一味追求奢侈而不讲究实效的民族很快便会被历史所淘汰。

不过，这不是犹太人的命运。在学习的效果方面，犹太民族同样显示出了自己的聪明与智慧。

犹太教素以"伦理——神教"著称，《塔木德》学者在研习《托拉》的过程中，不断地将协调人际关系的规范加以合理化、精细化、操作化，在扎紧民族樊篱的同时，为人类与人类社会的自我完善留下了影响深远的丰富内容。

令人惊奇的是，使得《塔木德》学者视野狭窄的那种宗教定向，却以"为学习而学习"的传统，在科学文化蓬勃兴起、世俗教育迅速普及的当代，为犹太人提供了一种现成的价值取向和心理基础。神圣的宗教职责极为快捷地具有了世俗的形式，犹太人大批走进了世俗学校：医学院、法学院、商学院、理工学院。犹太民族在为人类奉献出比其他民族众多的一流思想家、理论家、科学家、艺术家的同时，也为自己的繁荣昌盛而培育出同其他民族相比更大比例的教授、医生、律师、经理和其他专业人员。

3　什么时候开始学习都不算晚

犹太人鄙视不愿学习的人，他们认为只要想学、愿学，什么时候开始都不算晚。

拉比阿基瓦是一个贫苦的牧羊人，直到40岁才开始学习，后来却成了最伟大的犹太学者之一。

传说拉比阿基瓦在40岁之前什么都没有学过。在他与富有的卡尔巴·撒弗阿的女儿结婚之后，新婚妻子催他到耶路撒冷学习《律法书》。

"我都40了，"他对妻子说，"我还能有什么成就？他们都会嘲笑我的，因为我一无所知。"

"我来让你看点东西。"妻子说，"给我牵来一头背部受伤的驴子。"

阿基瓦把驴子牵来后，妻子用灰土和草药敷在驴子的伤背上，于是，驴子看起来非常滑稽。

他们把驴子牵到市场上的第一天，人们都指着驴子大笑。第二天又是如此。但到了第三天就没有人再指着驴子笑了。

"去学习《律法书》吧。"阿基瓦的妻子说,"今天人们会笑话你,明天他们就不会再笑话你了,而后天他们就会说:'他就是那样。'"

在故事中,阿基瓦妻子的意思就是他40岁去学习,即使开始时别人会嘲笑他,但是第三天就不会有人再嘲笑他了,因为什么时候学习都不迟。

因此,犹太人常把西勒尔说过的一句名言挂在嘴边:"此时不学,更待何时?"以此激励自己或鼓励别人去学习知识。

犹太人如此重视学习,是因为他们认为学习可以使人不断地接近完美。

天使和人有着巨大的区别,一方的优点是另一方的缺点,一方的缺点又成为另一方的优点。互相对应,对立统一。

天使的优点是清洁无垢,决不腐败,缺点是永不进步,永不向上。因为他们已经完美无缺了;人的缺点是容易腐败,但人的优点是可以不断向上,不断进步。

完人,即做和天使一样完美无缺的人,只能是一种理想。因为人不可能完美无缺,一旦完美无缺就变成了天使。但是,理想的力量是无与伦比的。它如万顷波涛的海洋上的星标,指引人生的航船不断前进,沿着星标肯定能到达目的地,但无论如何也不能到达星标。

人的理想也是一样,虽然人是不完美的,但却热切地希望接近完美,这是人类的正道。人走上正道是需要足够多的勇气的,否则就会半途而废。我们只能依靠自己的力量走上正道,我们无法强迫别人,更不可依靠别人。

完美是无法辨别的,要求别人完美的人是傲慢的。而明知无法达到完美，却设法逐步接近它的人是谦虚的。谦虚的人不会用尽自己的力量，总是留有余力，而自大的人却常常去做超越自己能力范围之外的事，所以谦虚的人具有较强韧的生命力。这也是自信和自大之间的差别。有信心的人都明白自己能力的界限，但自大的人却不知道。

在犹太人眼中，学问不只是学习，而是以本身所学为基础，再创造出新东西的一种过程；学习的目的，不在于培养另一种教育，也不是人的拷贝，而是在于创造一个新的人，世界之所以进步即在于此。

在犹太人看来，学生有四种：海绵、漏斗、过滤器、筛子。

海绵把一切都吸收了；漏斗是这边耳朵进，那边耳朵出；过滤器把美酒滤过，而留下渣滓；筛子把糠秕留在外面，而留下优质的面粉。

因此，犹太人倡导，学习知识应该去做筛子一样的人，只有学习才能使人更接近完美。

4　认准"一定要读书"这个死理

有一本名叫《虔诚者的书》上记载着古时候犹太人的墓园里常常都放有书本。因为他们认为当夜深人静的时候，死者就会从墓穴中爬起来看书。

虽然这种事情是不会发生的，但是表明了犹太人对求知的态度是：生命是有终结的，但学习却不会终止。

犹太民族的好学作风成了他们历史和民族的一个显著标志。

在公元前5世纪时,波斯王国驻犹太地区的总督聂赫米瓦曾说过:"这个地方不仅有很多图书馆,在图书馆中更是经常挤满了看书的人。"他的话印证了犹太民族的好学传统。

犹太人把书本当做宝贝。在古代,书往往被犹太人翻看得破破烂烂,但是他们仍然舍不得扔掉,一直要等到整本书都七零八散,字迹模糊不清,再也不能翻阅的时候,四邻才会聚到一块,像埋葬一位圣人一样,恭恭敬敬地挖一个坑,把书埋掉。

生命可以终结,学习不能终止,犹太人认为学习可以让人获得生命和更多的奖赏。

有一则这样的故事。

在以色列,有一个人的儿子对学习毫无兴趣,他的父亲最后不得不放弃努力,而只是教他读《创世纪》一书。后来,敌军攻打他们居住的城市,俘虏了这个男孩,把他囚禁在一个遥远的城市。

恺撒来到了这个城市,视察男孩被囚的监狱。在视察时,恺撒要求看一看监狱中的藏书。结果,他发现了一本他不知道怎么读的书。

"这可能是一本犹太人的书。"他说,"这里有人会读这本书吗?"

"有。"监狱官答道,"我这就带他来见您。"

监狱官把男孩找来,说:"如果你不能读这本书,国王就会要你的脑袋。"

"父亲只教过我读一本书。"男孩答道。

监狱官把男孩从监狱里提出来,把他打扮得光鲜可爱,将其带到恺撒面前。恺撒把书摆到男孩面前,男孩就开始读,从"起初,上帝创造天地"一直读到"这就是天国的历史"。

这是《创世纪》第一章和第二章的一部分。

恺撒听着男孩读书,说道:"这显然是上帝,赐福的上帝向我打开他的世界,要我把这孩子送回到他父亲身边。"

于是,恺撒送给男孩金银财宝,并派两名士兵把男孩护送回到他父亲身边。

拉比们又用这个故事教育人们说:"尽管这孩子的父亲只教他读了唯一一本书,赐福的上帝就奖赏他了。那么,想一想,如果一个人不辞辛苦地教他的孩子读《圣经》、《密西拿》和《圣徒传记》,那他得到的奖赏该有多大呀!"

去获得上帝的奖赏,这就是犹太人死后也要读书的动力。

5　学习造就了"世界第一商人"

一位犹太巨富说得好:"没有犹太文化,就没有犹太商人;没有渊博的知识,就没有惊人的财富。"他们对培根"知识就是力量"这一观点赞不绝口。

犹太民族是唯一一个纵贯5000年、散居五大洲的世界性民族。虽历经2000多年的欺凌,但民族特质并没有因此而淡化和泯灭。相反,在世界经济、文化、政治、哲学、艺术、自然科学等许多领域,犹太人都成就斐然，这不能不说是令世人百思不得其解的奇迹。而这一切正是犹太文化熏陶的结果。

几千年来，犹太文化维系着犹太民族的情感归属和认同意识，是深沉的历史感、强烈的宗教色彩和浓郁的悲剧意识的总和。也正是这块文化沃土，培育了让世人啧啧称道的犹太商魂。

犹太商人认为：没有知识就不是真正的商人，既然不是真正的商人，就没有和你做生意的必要。他们对于没文化的商人最瞧不上眼，犹太商人大多学识渊博、头脑灵敏。一般来说，犹太人希望自己胸中有墨存，从而引来万两金。

犹太民族在浓郁的文化氛围熏陶下，对教育和学习的重视蔚然成风，形成了一种几乎全民学习、全民都有文化的传统。虽然早期犹太民族的学习主要以神学研究为取向，涉及的知识面十分狭窄，但后来随着犹太民族受迫害流散于世界各地，犹太人的学习很快扩展到吸纳世界各国的文明成果这方面来了。更值得一提的是，他们勤学苦研的传统一直没有中断过，这使犹太人特别是犹太青年人在调节其心理、增强民族凝聚力和激发求生存、谋发展的创造力上，具备了更大的动力。

在犹太人眼里，知识和财富是成正比的、只有具备丰富的阅历和广博的知识，在生意场上才能少走弯路、少犯错误，这是能赚钱的根本保证，也是商人的基本素质。一个不能从多角度去观察、分析事物的人，不但不配做商人，而且也不能算是一个完整的人。基于此，犹太人做生意，乐意与学识渊博的人达成交易。

有一个做钻石生意的犹太商人，曾问他的日籍合作伙伴："你知道大西洋底部有哪些鱼类吗？"

日本商人一听这个问题，感到莫名其妙，因为做钻石生意和大西洋底部的鱼类毫无关系，怎么问这样一个风马牛不相及的问题呢？

然而犹太人有自己的想法：一个钻石商人需要的是一个精明的头脑和渊博的知识，如果对方连大西洋底部有哪些鱼类都了如指掌，那么其对钻石的业务知识也会相当熟悉，其对巨细俱全的钻石种类的分析肯定也是全面、周到的，与这样的商人合作肯定能赚钱。

犹太人就是这样看待知识与文化的，也正是这种传统的继承，使犹太人不管流散到哪里，其民族的文化整体素质都比别的民族要高。

以美国为例，20世纪70年代，在金融、商业、教育、医学、法律等高文化行业中，美籍犹太男子占70%、女子占40%，而同期全美国平均只有28.3%的男子和19.7%的女子加入此行列。在公认的最为灵敏、收入最高的两大职业医生和律师中（美国对医生和律师的文化素质要求特别高），犹太人所占的比例最高。如20世纪70年代，美国共有3万多名犹太医生，占美国私人开业医生总数的14%；另外有大约10万名犹太律师，占美国律师总数的20%左右。

我们暂且不说犹太人在经商中巧用谋略所获得的巨大收入，就凭借他们高素质的文化，在择业和创收方面就胜人一筹。在20世纪70年代的美国，200多万名犹太人中，高中毕业者占64%，大学毕业者占32%。而在当时美国总人口中，高中毕业者只占35%，大学毕业者占17%。这个文化水平的群体差异，使美国犹太人的平均收入比美国全国平均收入高很多。据不完全统计，1974年美国犹太人的家庭平均收入为13340美元，而美国的平均家庭收入只有9953美元，犹太人家庭高出了34%。

在犹太人眼里,知识是可以不被抢夺且可以随身带走的财富,所以他们十分重视学习。如今犹太人对教育问题已跳出了宗教和神学范畴,现代社会经济处于越来越迅速地发展变化之中,科学知识日新月异,如果跟不上时代发展的步伐,在激烈的竞争中必然会被淘汰。无论是经商做买卖,还是从事科学技术事业都是如此。特别是最近十多年来,时代已经迈入高速发展的阶段,科学技术日新月异,经济和科技的发展趋向全球化,知识型经济成为争夺相对经济优势的主要手段。在这样多变的世界里,任何故步自封、因循守旧、缺乏远见和不求上进的商人,在市场竞争中注定要失败。的确,犹太商人的观念是正确的,按这种模式发展下去,犹太人求知的渴望将进一步弘扬其民族精神,使"世界第一商人"的美誉代代相传。

第二章

决不做影响信用的事情

犹太人是天生的商人,商人的最大本钱不是资金而是信用。订立契约是犹太人千百年来形成的做事习惯,而遵守契约更是犹太人矢志不渝地做事底线。不讲信用的事情犹太人不做,因为他们相信,一个人丢了信用便丢了一切。

1 即使吃大亏也要遵守契约

犹太人是契约之民,他们认为契约是人和神的约定。在他们的观念中,契约是神圣不可侵犯的。

契约就是双方在交易过程中,达成协议后,为了维护各自的利益而签订的在一定时期内必须履行的一种责任书。一般来说,契约得到法律承认,并在一定程度上受法律保护。人们在经营过程中,就是根据它来扩大自己的经营范围。在各个国家,有不同形式的契约存在。但是,人们对契约的信任程度并不一样。在有些国家中，毁约之事时常发生。而对犹太人来说，毁约行为是绝对不允许发生的。契约一经签订，无论发生什么问题，都是不可毁弃的。《威尼斯商人》中的夏洛克———一位爱财如命的犹太人，在法庭上，面对破产的安东尼奥的朋友提出的各种绝对有好处的条件，一直坚持着原来的契约，这不仅仅是为了报复基督教徒，而且也是为了遵守契约，维护契约的圣洁不可更改。

现实生活中的犹太人，也同样是严格遵守契约的：在他们看来，契约一旦签订，就是生效了，不但自己应该遵守，也严格要求对方遵守，对契约决不允许发生含糊不清、模棱两可的情形。

犹太人是信守契约的。他们之间只要签订了契约，就不会有任何后顾之忧。他们信任契约，相信签约的双方都是会严格遵守的。因为他们深信："我们的存在，是履行和神所签订的存在契约。"他们之所以不毁约，是因为他们认为契约是和神签的约，人的存在本身也是在履行契约。

所以说，犹太人是契约之民，他们所信奉的犹太教，是契约的宗教，在犹太人心中，契约是如此神圣不可侵犯。因而在犹太商人当中，根本不会有"不履行债务"这句话，对于不履行债务者，他们会严格地追究责任，毫不客气地要求赔偿损失；对于不遵守契约的犹太人，则会把他驱除出犹太人商界。

由于各个国家、各个民族对契约的重视程度不同，所以犹太人在与外人做生意时总是小心翼翼。他们第一次与他人接触时，一般会显得对其不太信任，因为对方是否守约还未可知。特别是再次与不守约的人打交道时，他们根本不会相信所签订的契约。所以，与犹太人交往，要博得犹太人的信任，第一件事便是遵守契约。无论如何都要做到这一点，否则你便是白费心机,因为犹太人决不会信任一个对他们的"神"不敬的人。

日本的"肉馅面包大王",是深受犹太人信赖的。他是如何获得这种来之不易信赖的呢?他的一句话就是"即使吃大亏也要守约",在他的经商过程中更是处处体现了这句话。

犹太人的经商史,可以说是一部有关契约的签订和履行的历史。犹太人经商的奥秘在于"契约"。世界上万物都在不断地发生变化,但契约的内容是永远不变的。遵守契约、维护契约是保证利益不受侵犯的前提,是赚钱做生意的保障,犹太人就是在"契约"的保障下,赚钱致富的。

总之,契约是神圣的,不可毁弃,因为神的旨意不可更改。这便是犹太人的契约观。所以,商人想赚钱,特别是想赚犹太人的钱,首先就应该改变自己以前的契约观。

2 把契约的形式和订约的目的性有机结合

由于有着良好的法律素质,所以犹太商人不但乐于而且非常善于守约,这个"善于"指的是他们有能力、有办法在严格遵守法律或契约规定的形式这一前提下,最大限度地实现自己的目的,哪怕这一目的在实质上是不符合法律或契约的规定的。这种强调形式上守法守约的精神集中体现在下面一则充满智慧的古代犹太寓言中。

古时候,有个贤明的犹太商人,他把儿子送到很远的耶路撒冷去学习。一天,他突然染上了重病,知道来不及同儿子见上最后一面了,便在弥留之际立了一份遗嘱,上面写得十分清楚,家中所有财产都转让给一个奴隶;不过要是财产中有哪一件是儿子所想要的话,可以让给儿子。但是,只能是一件。

这位父亲死了之后,奴隶很高兴自己交了好运,连夜赶往耶路撒冷,找到死者的儿子,向他报丧,并把老人立下的遗嘱给儿子看。儿子看了非常惊讶,也非常伤心。

办完丧事后,犹太商人的儿子一直在合计自己应该怎么办。但左思右想理不出个头绪来。于是,他跑去找社团中的拉比,向他说明情况后,就发起了牢骚,认为父亲一点都不爱他。

拉比听了后却说:"从遗书来看,你父亲非常贤明,而且真心爱你。"儿子却厌恶地说:"把财产全部送给奴隶,不留一点给儿子,连一点关怀的意思也没有,还贤明呢,只让人觉得愚蠢。"

拉比叫他不要发火,好好动动脑子,只要想通了父亲的希望是什么,就可以知道,父亲给他留下了一笔可观的遗产。拉比告诉他,父亲知道如果自己死了,儿子又不在,奴隶可能会带着财产逃走,连丧事也不报告他。因此父亲才把全部财产都送给奴隶,这样,奴隶就会急着去见儿子,还会把财产保管得好好的。

可是,这个当儿子的还是不明白,既然财产全都送给奴隶了,保管得再好,不也是那个奴隶的吗?对自己又有什么益处?

拉比见他还是反应不过来,只好给他挑明:"你不知道奴隶的财产全部属于主人吗？你父亲不是给你留下了一样财产吗？你只要选那个奴隶就行了。这不是充满爱心的聪明想法吗？"

听到这里，年轻人才恍然大悟，照着拉比的话做了，后来他还解放了那个奴隶。

很明显，这个犹太商人实实在在地使了一个小计策，遗嘱所给予奴隶的一切都建立在一个"但是"的基础上，前提一变，一切所有权皆成泡影。这就是这个犹太商人所立遗嘱的关键。

然而，如果进一步把这张契约提高到犹太商人对守法守约的根本心态的高度来看的话，便会发现其中还有大量的文章。

坦白来说，由于这是一份无奈之下所立的遗嘱，犹太商人在立遗嘱时就打定主意要使其无效，换句话说，也就是在立约时就准备毁约。诚如拉比分析的，他当时面临的是"要么让步，要么彻底失去"这样一种无可选择的选择，所以他只能选择让步，通过把全部财产让给奴隶，使奴隶不至于直接带着财产逃走。

然而，这种让步又使他心有不甘，真的把财产都给了奴隶，让奴隶带了财产逃走，这两者对他的儿子来说，基本上是一回事。但按照犹太人的规矩，无论他还是他的儿子，都不能随便毁约。

为了解决这个难题，聪明的犹太商人想出了这么一个好办法：他在遗嘱中装进了一个"自毁装置"，犹太商人的儿子只要找到这个装置，就可以在履约的形式下取得毁约的效果。果然，在拉比的开导下，犹太商人的儿子真的启动了这个自毁装置，严肃的遗嘱在形式上得到了履行，而在实际上，至少相对那个奴隶来说，遗嘱等于完全废弃了。

所以，这个寓言真正要传达的意思是：如何借履行契约的形式来取得毁约的效果。转换成一般命题的话，就是：如何在守法守约的形式下，取得违反法律或毁弃契约才能取得的效果。

这个命题看上去极不像话，一个素以守法守约著称的民族，怎么可以动此等脑筋，这岂不是很不光明正大吗？然而，恰恰是这一命题所代表的观念和做法，最符合现代法制的本质与精神。现代社会经济秩序的合理化本身就是一种形式的合理化，而不是内容的合理化。这种形式化的内在倾向，从根本上说是由货币经济自身的特征造成的。货币在代表一切商品时，从来就只能代表它们抽象的量的属性，而无法代表它们各异的质的规定性。资本家以相同的工资支付不同工人的相同劳动时间，谁说这"相同的劳动时间"对不同的工人就具有"相同的意义"？同样，市场上不同的权利主体因为手中拥有的货币数量相等而获得的形式上的平等地位，并不能从根本上实质性地消除他们相互之间由于智力、体力、经验等个性差异所造成的内容上的不平等。甚至对资本积累来说，非常合理的"人世禁欲主义"，对个体自身来说，也是无以复加地不合理。

正因为如此，货币经济范围内的合理、合法或正当等观念以及保证这些观念得以实现的法律、规章、程序等等，根本上、内在地都是某种形式化的东西。相应地，对于经济领域中人们守法守约的要求，也只能是形式上守法守约的要求。

所以，以守法的形式取得违法的效果，以履约的形式取得毁约的效果，恰恰是最符合形式合理化精神的守法守约行为。这等于说，犹太商人在差不多2000年前立下的一张遗嘱，其中已经包含着资本主义的本质要求。这不能不使人又一次惊叹犹太商人活动样式同资本主义经济运行方式的跨时代的同构。

不过，具体地看，犹太商人这种形式化的守法守约，同他们近乎无条件地守法守约有着内在联系，并且互为因果。没有近乎无条件地守法守约的传统要求，也就没有必要在违法或毁约的同时顾及形式上的守法守约；反过来，没有高超的形式化守法守约技巧，严格的无条件的守法守约只能束缚犹太商人自己，削弱他们的生存能力。犹太商人正是因为本身受到种种形式上的限制，才不得不向着形式的方向，发挥、发展着他们的立约技巧。靠着这种技巧，那些理应对他们约束得最为厉害的形式，却成了他们用来约束对手的最便利的手段。

3　口头的允诺也有足够的约束力

中国古代名将季布有"一诺千金"的美誉，而犹太商人以诚信为本，在全世界商界中，也是非常值得称道的，各国商人在同犹太人做交易时，都对对方的履约有着很大的信心，而对自己的履约也往往有着最严的要求，哪怕自己在其他场合有背信弃约的习惯。犹太商人以诚信为本的素质对整个商业世界的意义和影响，可谓"无论怎么评价也不会过分"。

现代经济社会之所以被称为契约社会，主要是因为人与人之间的关系摆脱了传统社会那种人身依附的性质，而成为一种权利主体之间自愿结成的权利义务对等（理想状态下）的关系。这种说法当然不错，但不够深刻，过于具体了些。事实上，作为现代经济社会的根本特征的货币与资本就是最为纯粹和抽象的"契约关系"。

作为一种"价值符号",货币本身就是一种约定的东西,一种只有在各方约定的情况下才能流通使用的东西。如果说以贵金属为形式的货币,意味着自然凭借着贵金属的稀有性防范着人的"约定"(信用)的泛滥的话,那么不可兑现的纸币能否确立,则完全标志着人在以"诚信为本"上的严格程度。正因为有那么多政府无法像犹太商人那样严格履约,一次又一次的通货膨胀才会在世界范围内出现。

犹太民族以诚信为本已经是一个很古老的传统了。

犹太教同其他宗教的最根本区别,并不在于是一神还是多神、是否严格一神、这一神是否具有形象,重要的在于人与神之间的关系怎么样。与其他宗教不同,犹太教中上帝与以色列人的关系,就是一种"约定"的关系,而不是一种无条件的、绝对的、天然的支配与被支配、主宰与被主宰的关系。

犹太人是因为其族祖亚伯拉罕同上帝签了约,所以才信奉耶和华并世世代代遵守上帝的律法。古代犹太人长久珍藏的两块法版,相传是上帝亲手写下律法后交由摩西保存的,这两块法版其实也就是上帝与犹太人的契约。

这份契约从现代民法学的角度来看,是合乎合同法要求的,已具有合同应该具有的一些最重要的特征。

首先,立约双方都是完整的权利主体:亚伯拉罕99岁的时候,耶和华向他显现,对他说:"我是全能的神,你应当在我面前做完全人,我就与你立约,使你的后裔极其繁多。"(《创世记》)显然,上帝自己是把亚伯拉罕看做完全人的,没有因为创造了人类始祖亚当和夏娃,就把亚伯拉罕看做一个依附者。

其次，合同书上权利义务对等的规定也十分明确："你若留意听从耶和华上帝的话，谨守遵行他的一切诫命。就是我今日所吩咐你的，他必使你超乎天下万民之上。你若听从耶和华上帝的话，这以下的福必追随你，临到你……"（《申命记》）

还有，如果不履行合同必须承担相应的后果："你若不听从耶和华上帝的话，不谨守遵行他的一切诫命律例，就是我今日所吩咐你的，这以下的诅咒都必追随你，临到你……"（《申命记》）

最后签名盖章留下信物：上帝把授予摩西的法版当做信物，以色列人的信物则是男子接受割礼。

从此，几千年以来，犹太人就世世代代守着这张合约，履行着合约上规定的一切，即使在因为履行这张合约而成为宗教异端并受到迫害时，他们也没有毁约，犹太人对契约的这种态度，从两方面影响了商业世界中契约观念、契约形式和履约方式的产生和发展。一是通过《圣经》（旧约全书）将契约的神圣性、履约的强制性和义务性灌输给所有以《圣经》为"圣经"的人，包括商人。二是通过犹太人，包括犹太商人的实际活动方式，尤其通过犹太商人巨大的成功，使许多人接受了契约的观念和形式。这一点在商业世界中尤为明显。

日本有个商人写过一本书叫做《犹太人生意经》，其实旨在推销自己。在书中，作者一边宣传自己如何因守信而得以取得犹太商人的信任，并被犹太商人称为"银座的犹太人"，一边向没有守约习惯和观念的同胞多次告诫，不要对犹太人失信或毁约。

犹太商人由于普遍以诚信为本，相互间做生意时经常连合同也不需要，口头的允诺已有足够的约束力，因为"神听得见"。犹太商人首先意识到的是守约本身就是一个义务，而不是守某项合约的义务。

我们也可以从侧面看出犹太商人以诚信为本及其取得的积极效果。

现代商业世界对信誉极为讲究，信誉就是市场，是企业生存的基础。所以，以信誉招徕顾客也成为许多企业共同使用的招数。但在商业世界中第一个奉行最高商业信誉"不满意可以退货"的大型企业，是美国犹太商人朱利叶斯·罗森沃尔德的"希尔斯·罗巴克百货公司。"这项规定是该公司在20世纪初推出的，在当时被一些人评价为"闻所未闻"。确实，这已经大大超出一般合约所能规定的义务范围，甚至把允许对方"毁约"都列为己方无条件的义务！

极高的商业信誉给犹太商人事业发达所带来的好处，也是显而易见的，毕竟这种信誉是最有远见的"理性算计"。

4 履行合同要做到不折不扣

合同就是交易双方在交易过程中，为了维护各自的利益而签订的在一定时期内必须履行的一种责任书，只要不违法，就能得到法律的保护。

犹太人之所以成功，一个主要原因就是他们一旦签订了契约就一定执行，即使有再大的困难和风险也要自己承担，而且无怨无悔。他们信任契约，因为他们深信："我们的存在是履行和神的签约，决不可毁。"

由于合同的神圣不可侵犯，因此犹太人在谈判中非常讲究谈判艺术，并能综合考虑各种可能出现的问题，千方百计地讨价还价。因为合同不签订是你的权利，但一旦签订就要承担自己的责任。在他们看来：合同是神圣的，神的旨意决不可更改。

特别是高级商务更要讲究信誉，信誉就是市场。钻石、珠宝等高级奢侈品的世界市场主要由犹太人垄断，并不仅仅是由于钻石、珠宝等便于携带，更主要的是犹太人有着极高的商业信誉。正如一位珠宝商所言："经营钻石珠宝，其实是经营你的信誉，如果你拿一个一文不值的东西去卖了1000美元，那就是你用1000美元把自己卖出了珠宝行业，永远也不会在珠宝上赚到钱了。"

这一点对我们当今的生意人来说是颇有教益的。守信遵约的商人越多，社会经济向文明方向发展的速度就越快，犹太人之所以会成为世界上维护经济秩序的一大力量，很大程度上就取决于这点。

有一位西班牙出口商与犹太商人签订了1万箱蘑菇罐头合同，但货物到达目的地后，犹太商人拒绝收货。原来，合同规定为："每箱10罐，每罐500克。"但出口商在出货时却装运了1万箱750克的蘑菇罐头，货物的重量比合同多了250克，超出了合同规定份额的50%。货物滞留在港口，每天出口商要付出一大笔库房租金，西班牙出口商几次与犹太商人协商此事，甚至同意超出合同重量不加收一分钱，而犹太商人仍不同意，并起诉出口商，向西班牙出口商索赔。出口商无可奈何，只好赔偿了犹太商人10多万美元，并把货物另做处理。

这件事情乍一看，似乎是犹太商人太不通情理，多给他货物也不要。事实并不是那么简单，因为犹太人极为注重合同，可以说是"契约之民"。他们一旦签订合同，不管发生任何困难，也决不毁约。只要是跟犹太商人打过交道的人都知道：犹太人"生意经的精髓在于合同"。当然，他们也要求签约对方严格履行合同，如果对方不按合同办事，他们会毫不留情地采取措施予以拒绝。

在上例中，合同规定的商品规格是每罐500克，而那位出口商交付的却是每罐750克，虽然重量多了250克，但卖方未按合同规定的规格条件交货，是违反合同的。根据美国法律是重大违反合同；根据英国法律是违反要件。犹太人精于经商，深谙国际贸易法规和国际惯例。他们懂得，合同中交易物品品质条件是一项重要条件，或者可称为实质性的条件。因此，犹太商人此举不管到哪里都是站得住脚的。按国际惯例，犹太商人完全有权拒绝收货并提出索赔。

另外，本事情的发生还有可能会给买方犹太商人带来意想不到的麻烦。假设犹太进口商所在国家是实行进口贸易管制比较严格的国家，如果进口商申请的进口许可证是每罐500克，而实际到货是每罐750克，其进口重量比进口许可重量多了50%，很可能遭到进口国有关部门的质疑，甚至会被怀疑有意逃避进口管理和关税，以多报少不仅要被追究责任和罚款，而且这个犹太商人的信誉度将会大大降低，这也是犹太人最害怕的事情。尤其是对1万箱罐头的销售，他也一定是跟经销商签了合同的，由原来的500克变成现在的750克，即使不加价，也得跟人家去一一解释，这本身就是一种违约行为，犹太人往往会担心这样做有损自己的商业信誉，后果是十分严重的。

还有一点，犹太商人购买不同规格的商品是有一定的商业目的的，犹太人做生意前都要认真考察市场，包括适应消费者的爱好和习惯、市场供需的情况、对付竞争对手的策略等,对潜在的市场有一定的把握后才经营他们的产品。如果出口方装运的750克蘑菇罐头不适应市场消费习惯,即使每罐多给250克并不加价,进口方的犹太商人也不会接受,因为这打乱了他的经营计划,有可能使销售渠道和商业目标受到损失。

由此可见,合同是买卖双方极为重视的构成要件,违反合同规定,对买卖双方都会产生严重后果。犹太人深知其利害,故强调要坚守合同。

随着商品经济的发展,合同不仅受到犹太人重视,而且逐渐受到世界各国商人的普遍重视。双方签字后的合同,就成为约束双方的法律性文件,有关合同规定的各项条款,双方都必须遵守和执行。任何一方违反合同的规定,都必须承担法律责任。因此,签订合同的任何一方必须严肃认真地执行合同。犹太商人大多能在商业领域卓有成效与其重视合同有密切关系。

5 依法纳税而决不干偷税漏税的傻事

要说起世界上的富人,犹太民族的财富占有率大大超过其他民族,无疑属于首富。犹太人在世界各地都有庞大的财产,按这些财产来收税必然是一笔可观的数目。偷税漏税在不少国家是很稀松平常的事,人们不禁要问:"犹太人是不是也偷税漏税?"这句话要是被犹太人听见了,他们一定会认为这是对他们莫大的侮辱。犹太人有一句经商格言:"决不偷税漏税"。

为什么犹太人拥有世界上最多的财富，却比世界上任何一个国家的商人都重视缴税呢？对此，犹太人有自己的观点，在他们的心目中，税收是商人和国家之间签订的"契约"，缴纳税款是商人必须履行的义务，不论发生什么情况，都要履行契约。谁偷税漏税，谁就是违背了和国家所签的契约。而违背"神圣"的契约，对犹太人来说是不可容忍的。

犹太民族是个流浪民族，没有国家这个根，就会失去依靠，走到哪儿都要受人欺侮。长期受迫害的犹太人，必须处处小心保护自己。他们积极地向国家纳税，无疑是为自己取得居住国国籍，并享受相应的权利和受人尊重而交的学费。千百年来，他们能在异国他乡长期居住下去，并且赚得比当地国民更多的金钱，这其中的一部分功劳要归于"决不偷税漏税"带来的效应。因为缴了税等于为国家创造了财富，为国家的建设出了力，这当然会取得当地国家对他们的认同。

但是，犹太人"决不偷税漏税"并不意味着他们会轻易缴纳不必要的税款。也就是说，他们绝对不会被人任意征税，只纳合理的税。这是由他们精明的经商头脑决定的。犹太商人在做每一笔生意之前，总是要先经过仔细的考虑、精密的估算，看是否划得来，算出除去税钱以外他们能获得多少纯利润。一般商人在算利润时，总是把税金算在里面。例如，当一个人说他获利30万时，那其中一定包括税金在内。而犹太商人的利润则是除掉税钱的净利。如果犹太人说："我想在这场交易中，赚10万美元的利润。"那么他所讲的10万美元利润中，绝对不包括税金。那么，如果税金为利润的50%时，犹太人就必须赚取一般人所说的20万美元的利润了。如果说在"决不偷税漏税"上，犹太人有股"傻"劲儿的话，那么在计算除去税金的利润上犹太人又算得上绝对聪明了，这实在是太合乎犹太人精打细算的风格了。

生活中有这样一个例子。

法国人到海外旅行，由外地回来时暗带钻石，企图不纳税入境，结果被海关查出扣留，罚了很重的税金，几乎遭受到全部没收的损失。同行中的一个犹太人，听到这种情况时，大为惊奇，就跟法国人说："何不依法纳税，堂堂正正入境？钻石的输出费，一般最多不会超过7%，如果照章纳税，堂堂正正地进入国境，在国内再把钻石出卖时，只要设法提价7%就可以了。""是啊。这样简单的数学计算谁不会？可是我当初怎么没想到呢？"法国人说完，由衷地赞赏犹太人依法纳税实在是一个明智之举。

6　遵守契约又要善于利用契约

犹太人注重信誉，很少毁约，但是聪明的犹太人总是在遵守契约的大前提下，充分利用契约的自由和空间为自己谋取利益。只要有这个可能他们就不会错过机会。所以，在现代商务活动中，他们经常在不改变契约的前提下，灵活巧妙地签订契约，使其中的众多条款为自己所用，从而赚得更多的钱。

莫里茨·赫希男爵是历史悠久的巴伐利亚犹太金融集团的主要成员

之一。1826年,他把自己从父亲那里继承的遗产和太太的巨额陪嫁共计二三百万元资金作为启动资金,和他的内弟裴迪南德·比朔夫夏姆合作,在比利时布鲁塞尔开设了自己的第一家银行。从此,开始了他的银行家生涯。

当时,一些普普通通的陈旧的商业银行业务不仅利润很低,而且竞争很激烈,赫希对此不感兴趣,他把热情主要投注在建设铁路和为建设欧洲铁路支线的投资上,然后在有利可图的情况下,向干线的所有者出卖这些支线的产权,以此获取厚利。他的这种打算在别人还没在意的行业里有所突破,获得了丰厚的利润。

1868年,奥斯曼土耳其政府计划建设一条全长共计2500多公里的铁路,从维也纳一直延伸到君士坦丁堡。这项工程需要花费一笔数额十分庞大的投资,按当时的价格,在较平坦的地区每公里的造价为4万美元,而在山区,每公里的造价高达5万美元。更何况铁路所经过的地方大多崎岖不平,山峦重叠。另外,还需要铺设一条从君士坦丁堡经阿德里安堡、索菲亚、萨拉耶夫到萨拉热窝等地的干线,所经过的一些大城市还需要建设许多支线。由于投资太大,因而一般人是不敢轻举妄动承揽这项工程的。

一开始,一家资金雄厚的比利时公司与土耳其政府达成协议,取得了建造这条铁路的特许权,但该公司因为资金短缺而无法维持下去,不到一年就破产了。到第二次招标时,赫希借助他曾帮助土耳其人建立几家重要银行这层关系,拟定了一个周密的计划,最终得到了土耳其政府的认同,一举中标。

获得建造铁路的特许权并不等于将来能赚得很多的钱,这只是完成了第一步计划，随后他把主要的精力投放到如何灵活签约之中，因为只有在契约里才能找到真正的利润空间。

首先，赫希同土耳其政府签下了第一个协议，土耳其政府同意在99年的租借期内，由国家出面借贷，每年支付每公里铁路2800美元租金，加上铁路经营者每年为每公里铁路支付1600美元，合计每年可以收回投资11%。同时，为了方便工程的施工，赫希还获得了在铁路沿线开采矿藏森林资源的权利。一经投入营运，铁路超出每公里4400美元租金的收益将由经营者、政府和赫希3家分成，3家所得的收益比例依次为50%、30%和20%。

赫希在签约中就为自己留了余地，在铁路建成之前赫希就开始"收回投资"了，赫希说服土耳其政府为建造铁路发行债券，支付期为99年，每年偿还本金的3%。由赫希拥有债券发行权，共发行了200万张面值为80美元的债券。赫希动用大量的资金，以20美元和30美元的价格买下，转手以10美元的差价抛售给土耳其的民众，大大地发了一笔财。

铁路建设工程如期展开，两年中建成了500公里干线，另外还有600公里已动工兴建。

就在此时，由于铁路伸入俄国的势力范围之内，俄国政府从自身利益出发，提出强烈反对意见。结果经过双方协议，最后，土耳其政府不得不将铁路长度缩短至1200公里。

这一变更对赫希来说正是求之不得的。当初赫希签协议时就想到了这一点，正是这一协议，为赫希卸下了整条铁路线中耗资最大、风险最大的部分，而原来土耳其政府在同赫希的协议中之所以给予他如此优厚的条件，是因为这段铁路存在最为棘手的问题。现在耗资最大、风险最大的部分去掉了，而优厚的条件依然照旧，赫希发财就是稳操胜券了。

这前后的变化，包括俄国政府"从自身利益出发"的反对，土耳其政府主管铁路的大臣最终同意缩短铁路等都是赫希两头游说的结果，因为他的目的就是让自己在契约中巧设的漏洞对自己有利，正如赫希所想，这一系列的漏洞瞬间使赫希成为暴富。

1888年，从维也纳到君士坦丁堡的铁路全线贯通。同年年底，经过双方无数次的讨价还价，土耳其政府从赫希手中买下了这条铁路。据估计，在整个铁路的建设中，赫希共获利3000多万美元。

虽然，赫希参加这条铁路的建设是一个"狡诈、胁迫、掠夺、欺骗"的故事，但同时，人们不得不承认，如果没有赫希，这条铁路可能根本无法建成。事实上，赫希作为一个冒险家，事先就敏感地意识到，一条铁路伸入另一大国的势力范围，在当时世界政治格局下会引起什么样的反应。他把这种一时无法克服的麻烦，藏进了与政府签订的铁路建设的协议书里。他以犹太人动态思考的习惯，以犹太商人熟谙政治因素的敏感，将政府间的政治抗衡引入合同书中，巧妙地设置了一个助自己发财的"漏洞"，对于善于灵活签约的犹太人来说，这是一件很自然的事。所以，无论从智力上，还是从策略上，赫希同其祖先雅各是一脉相承的，只是赫希的故事少了一点神话色彩，而多了一些现实性。赫希可谓精明的犹太人的代表，这个故事也提醒与犹太人做生意的人，自己（不管是政府还是个人）也要变得精明起来，用智慧与犹太人平等过招，保卫自己的利益。

也许正因为犹太商人熟练使用这种赚钱的技巧，反过来，他们对别人使用这种手段则保持着高度的警惕。

在同其他民族的商人签约做生意时，犹太商人常不惜重金请对方所在国的成员做合同签订的公证人和合同执行的监督人。因为在犹太人看来，不同文化背景上的人最容易行骗或受骗，每种文化都有自己的"雅各的树枝"。只有同种文化背景中生活的人才能找出暗藏在契约里的机关，才不至于因为合同出了漏洞而付出过高的"代价"。

第三章

重智慧胜于重金钱

犹太人看重金钱是出了名的,所以我们说犹太人重智慧胜于重金钱不免让人产生疑义,而这其实也正是犹太人的过人之处。在中国传统智慧中就有"授人以鱼"不如"授人以渔"之说,对于犹太人而言,金钱是"鱼",智慧则是"渔"——能带来无穷无尽的鱼。

1 与门第、出身相比更看重智慧

犹太人只重视个人的智慧力量,而不看重出身门第的高低。

在《犹太法典》中有一则小故事,故事中出现两个犹太人,一个是以自己家世为荣的富翁的儿子,另一个则是一贫如洗的牧羊人。

当富翁的儿子夸耀自己的祖先之后,牧羊人说:"原来你是那样伟大祖先的后裔啊!不过,你要知道,如果你是你们家族中的最后一个人,那我就是我们家族的祖先。"

在犹太社会中,"家"的存在具有很大的意义,它因学问、慈善行为及对于地域社会的贡献程度而有所差别,但是,其中最重要的是"学问"。金钱、事业上的成功,对于"家"的荣誉并不是很重要的因素。

有一则这样的犹太故事:

拉比约书亚是一个博学而朴实的学者。

一天,哈德良皇帝的女儿对拉比约书亚说道:"一个多么伟大的智者却出生在如此丑陋的人家里!"

约书亚回答道:"在你父亲的宫殿里好好学学吧。你知道葡萄酒装在什么样的容器里吗?"

公主答道:"装在陶罐里。"

"陶罐!但那是普通老百姓用的。"约书亚说,"你应该把葡萄酒放在金银器皿里。"

于是,公主把葡萄酒从陶罐里倒出来,装到了金罐和银罐中,不久,所有的葡萄酒都酸了。

约书亚对公主说:"你看,律法经也是如此,人的智慧也一样。"

"难道没有既出身好又博学的人吗?"

"有。"学者约书亚反驳道,"但如果出身穷苦一些的话,他们的学问会更大!"

出身富家,或出身富贵的人,并不一定都有学问,因此犹太人中,穷人遇到富豪子弟时,不会自卑,更不会觉得有什么可怕,但是遇到有知识的人时,无论是穷人还是富人都会对他非常敬重,这是因为犹太人只注重个人的才华和智慧,而不会去看他的家庭和出身。

事实上，有很多著名的犹太人，出身都很卑微，如木匠、石工或牧羊人等，其中最具代表性的希勒尔是木匠，亚基巴是牧羊人。他们之所以能够成为犹太人中的杰出人物，就是因为他们自身的能力所致。而犹太民族中智慧重于门第出身的观念则为他们的脱颖而出提供了一个大环境。

正是因为犹太人重个人智慧而不重出身门第，才使犹太民族孕育了许多杰出的人物。而这一观念体现在人际交往中，则是犹太民族在日常生活中很少有门第观念，在人与人的交往中，犹太人少有趋炎附势之举，出身再好的人也难以依靠出身攫取社会地位，或者取得什么其他优势，人们都是依靠勤劳和智慧获得个人地位的。

个人智慧重于门第出身是犹太人处世的重要观念，它激励了许多出身平凡的人去积极进取，也体现了社会公平的原则。

2 智慧的高低决定着赚钱的多少

犹太人是一个酷爱智慧的民族，犹太商人也是极其擅长于以智取胜的商人。不过智慧这个词也属于模糊概念，范围极大，定义又不清，到底什么是智慧，可能各有各的说法，那么在犹太商人看来，什么是智慧呢？

犹太人有则笑话，谈的是智慧与财富的关系。

两位拉比在交谈：

"智慧与金钱，哪一样更重要？"

"当然是智慧更重要。"

"既然如此，有智慧的人为何要为富人做事呢？而富人却不为有智慧的人做事？大家都看到，学者、哲学家老是在讨好富人，而富人却对有智慧的人露出狂态呢？"

"这很简单。有智慧的人知道金钱的价值，而富人却不懂得智慧的重要呀。"

拉比即为犹太教教士，也是犹太人一切生活方面的"教师"，经常被看作为智者的同义词。所以，这则笑话实际上也就是"智者说智"。

拉比的说法不能说没有道理，知道金钱的价值，才会去为富人做事，而不知道智慧的价值，才会在智者面前露出狂态。但笑话明显的调侃意味又体现在哪里呢？就体现在这个内在的悖谬之上：有智慧的人既然知道金钱的价值，为何不能运用自己的智慧去获得金钱呢？知道金钱的价值，但却只会靠为富人效力而获得一点带"嗟来之食"味道的酬劳，这样的智慧又有什么用，又称得上什么智慧呢？

智慧与金钱的同在与同一，使犹太商人成了最有智慧的商人，使犹太生意经成了智慧的生意经。犹太生意经是让人在做生意的过程中越做越聪明而不是迷失的生意经！

犹太商人赚钱强调以智取胜。

犹太人认为，金钱和智慧两者中，智慧较金钱重要，因为智慧是能赚到钱的。

基于这样的观念，在犹太人看来，即使一个十分渊博的学者或哲家，如果他赚不到钱，一贫如洗，那么学者的智慧只是死智慧、假智慧。真正有智慧的人是既有学识又有钱的人，所以犹太人很少赞美一个家徒四壁的饱学之士。

有一个这样的故事：

贫穷的犹太教区加利曾写信给伦贝格市一位有钱的煤商，请他以慈善为目的赠送几车皮煤给教区。

商人回信说："我们不会给你们白送东西。不过，我们可以半价卖给你们50车皮煤。"

该教区表示同意先要25车皮煤。交货3个月后，他们既没付钱也不再买了。

不久，煤商寄出一封措辞强硬的催款书，没几天，他收到了加利曾教区的回信：

"……您的催款书我们无法理解，您答应卖给我们50车皮煤减价一半，25车皮煤正好等于您减去的价钱。这25车皮煤我们要了，那25车皮煤我们不要了。"

煤商愤怒不已，但又无可奈何。他在高呼上当的同时，不得不佩服加利曾教区犹太人的聪明才智。

在这个故事中，加利曾教区的犹太人既没耍无赖，又没搞骗术，他们仅仅利用这个口头协议的不确定性，就气定神闲地坐在家里等人"送"来了25车皮煤。

这就是犹太人的赚钱高招。

犹太人爱钱，也从来不隐瞒自己爱钱的天性。所以世人在指责其嗜钱如命、贪婪成性的同时，又深深折服于犹太人在金钱面前的智慧。只要认为是可行的赚法,犹太人就一定要赚,赚钱天然合理,这就是犹太人经商智慧的高明之处。

3　拥有智慧可以创造利益

古时候,耶路撒冷的一个犹太人外出旅行,途中病倒在旅馆里。当他知道自己的病已经没有希望时,便将后事托付给了旅馆主人,请求他说:"我快要死了,如果有知道我死并从耶路撒冷赶来的人,就请把我的这些东西转交给他。但是,此人必须做出3件聪明的事,否则,就绝对不要交给他。因为我在旅行前对儿子说过,如果我在旅途中死了,要继承遗产的话,必须做出3件聪明的事才行。"

说完,这个人就死了。旅馆主人按照犹太人的礼仪埋葬了他,同时向镇上的人发布了这个旅行者的死讯,还派人送信到耶路撒冷。

旅行者的儿子在耶路撒冷经商,听到父亲的死讯后,立刻赶到父亲死亡的那个城镇。他不知道父亲死在哪一家旅馆里,因为父亲临死前,曾叮嘱不要把那所旅馆的名字告诉儿子,所以儿子只好发挥自己的聪明头脑来处理这个棘手的问题了。

这时,刚好有个卖柴人挑着一担木柴经过,旅行者的儿子便叫住卖柴人。买下木柴后,吩咐他直接送到那家有个耶路撒冷来的旅行者死在那里的旅馆去。然后,他便尾随着卖柴人,来到了那家旅馆。

上篇　自立智慧：遵循一套自己独有的立世原则

旅馆主人见卖柴人挑着木柴进来，便对他说："我没有向你买过木柴。"

卖柴人回答说："不，我身后的那个人买下了这担木柴，他要我送到这里来。"

这是那个儿子做的第一件聪明的事。

旅馆主人很高兴地迎接他，为他准备晚餐。餐桌上有5只鸽子和一只鸡。除了他以外，还有主人夫妇和他们的两个儿子和两个女儿，一共7个人围坐在餐桌旁一起吃饭。

主人要旅行者的儿子把鸽子和鸡分给大家吃，青年推辞说："不，你是主人，还是你来分比较好。"

主人却说："你是客人，还是你来分。"

青年便不再客气，开始分配食物。首先，他把一只鸽子分给两个儿子，另一只鸽子分给两个女儿，第三只鸽子分给主人夫妇，剩下的两只，就自己拿来放在盘子里。

这是他做的第二件聪明的事。

接着他开始分鸡肉，他先把鸡头分给主人夫妇，然后是主人的两个儿子各得一个鸡腿，两个女儿各得一个鸡翅膀，最后剩下的整只鸡身子全归了他自己。

这便是他做的第三件聪明的事。

看到这种情形，主人终于忍不住大声叱责他说：

"在你们国家里就兴这么做吗？你分配鸽子的时候，我还可以忍耐，但看到你这么分配鸡肉，我再也忍受不了了，你这么做到底是什么意思？"

年轻人不慌不忙地说:"我本来就无意接受这项分配工作,可是你硬要我接受,所以我按照我认为最完善的作法做就是了。你和你太太以及一只鸽子合起来是3个,你两个儿子和一只鸽子合起来是3个,两个女儿和一只鸽子合起来是3个,而我和两只鸽子合起来也是3个,这很公平嘛。还有,因为你和你太太是家长,所以分给鸡头,你们的儿子是家里的柱子,所以给他们两只鸡腿,把翅膀分给你女儿,是因为她们迟早要长翅膀飞到别人家里去的,而我本人是坐船到此,还要回去,所以取了鸡身。请赶快把父亲的遗产交给我吧。"

这位年轻人处理这3件事的举动都可称为"聪明行为",初看起来,确实有点费解。

第一个行为可以算聪明行为。因为这个年轻人面临的是一个问不出答案,或者不准问的问题。通过一笔木柴交易,他把回答这个问题作为成交的条件,让卖柴人为了自己的利益而帮助他解决了难题。

从这层意义上说,他通过利益再分配,使卖柴人与他在利益上有了一些共同之处,从而借他人之力达到了自己的目的。这一行为很聪明。

可是,这分鸽子、分鸡肉,就不那么容易理解了。这种近于恶作剧的行为也是聪明的行为吗?要是的话,那大孩子诈骗小孩子的玩具、吃食等行为,似乎也可以算做大有出息的聪明行为了?当然,会诈骗总比一味只知抢夺、要多几分聪明或者狡诈。

其实,这里有个小小的机关。故事中特意提到旅馆主人发火之事。为什么发火,从表面上看,是那位年轻人"贪"宾夺主,把主人桌上的鸽子、鸡肉大量占为己有,所以惹得主人发火。

但是,要再看下去呢?显然,年轻人要主人发火才是他的本意。正是在主人发火之后，他才理直气壮地要求主人归还遗产。这里就有奥妙了。

奥妙说穿了实在简单得很。

年轻人来此是为了取得父亲的遗产，但条件却十分苛刻：表现出 3 个聪明行为。这说起来简单，做起来并不简单。因为这聪明二字没有一个明确的、可操作的标准。他尽可以竭其所能地表现他的聪明，但认可不认可他的行为为聪明行为，主动权不在年轻人的手里，而在旅馆主人手里。

所以，为了让旅馆主人早一点承认他的聪明，年轻人又一次借人与人的利益关系来做文章了。

如果说，他借卖柴人之力时，用了利益同增的策略的话，那么，在"迫使"旅馆主人合作时，则用了利益同减的策略：你如果不承认我的聪明行为从而不给我遗产的话，我将没完没了地以牺牲你利益的方式，迫使你承认我的聪明。既然你有权力决定我的行为是否聪明，那么，你也有义务不断接受我各种不够格的聪明行为所带来的一切不聪明的后果。所以，如果你的聪明能使你认识到自己的损失，那么，你的聪明也一定会以承认我的聪明来摆脱你的困境，还有我的困境。

因此，旅馆主人咆哮如雷之时，也就是他已经感觉到利益受损之时。年轻人的一番话，只是证明其行为之聪明的"意识形态"，即看似有理（因为有种种数据）的解说而已。真正有分量的，是他的行为所带来的结果。

从上述看似烦琐的阐述中，我们似乎可以感觉到犹太人看待和处理人际关系的灼见和谋略。

这个年轻人同卖柴人及旅馆主人这样非亲非故之人的关系中，其他考虑包括道德考虑也是需要的，但真能击中要害、调动对方的唯有利益。只有他人的利益同你的利益紧紧地绑在一起的时候，他人才可能像为自己谋利或避害一样为你着想，因为这一着想，以及由其产生的努力可以同时带来其自身利害的相应变动。

所以，与人相处或调动对方时，最好的办法就是"让他人为自己的利害着想"。中国的那些义兄义弟们所标榜的"有福同享、有难同当"，其实就是利益的共享。

今日美国犹太人院外集团的活动之卓有成效，就是这一谋略成功的证明。当美国犹太人拥有巨额资金和至关重要的选票，并能团结得像一个人一样，极其精明地将他们按照"利害与共"的原则加以运用时，无论是国会议员，还是觊觎白宫宝座的竞选人、希望连任的白宫主人，都不能不最大限度地满足他们的要求。要知道，到1974年，美国犹太人为民主党和共和党提供的竞选资金，已分别达到他们所收到的竞选资金总额的60%和40%！

不过，以智慧创造利益，这也需要一个人有仗"智"疏财的气度与胆略。

4　做个堂堂正正的精明人

世界各国各民族中都不乏精明之人，这是毫无疑义的，然而相比较而言自然还有个程度的不同，对精明本身的态度也大不一样。比如说，中国人讲究的是智慧，更追求"大智若愚"的境界，从"大智"需要"若愚"可以反窥出在中国人的心态中，精明是一种适宜于在阴暗角落中生存的物种，中国人的典故中多的是"聪明反被聪明误"的训诫，同时反映出："精明"在中国文化心态中多多少少有点像个丑角。而犹太人则不同。

犹太人不但极为欣赏器重、和推崇精明，而且是堂堂正正地欣赏、器重、推崇，就像他们对钱的心态一样。在犹太人的心目中，精明似乎也是一种自在之物，精明可以以"为精明而精明"的形式存在。这当然不是说，精明可以精明得没有实效，而是指除了实效之外，其他的价值尺度一般难以用来衡量精明，精明不需要低头垂首地在宗教或道德法庭上受审或听训斥。下面这则笑话可以说最为生动而集中地显现了犹太人的这种心态。

美国和苏联两国成功地进行了载人火箭飞行之后，德国、法国和以色列也联合拟定了月球旅行计划。火箭与太空舱都制造就绪，接下来就是挑选太空飞行员了。

工作人员先问德国应征人员，在什么待遇下才肯参加太空飞行。

"给我3000美元，我就干。"德国男子说，"1000美元留着自己用，1000美元给我妻子，还有1000美元用做购房基金。"

工作人员接下来又问法国应征者，他说："给我4000美元。1000美元归我自己，1000美元给我妻子，1000美元归还购房的贷款，还有1000美元给我的情人。"

以色列的应征者则说："5000美元我才干。1000美元给你，1000美元归我，其余的3000美元雇德国人开太空船！"

由这则笑话传达出来的犹太人的精明，用不着我们多说了，犹太人不需从事实务（开太空船）而只需摆弄数字，而且是金融数字就可以享有与高风险工作从事者同样的待遇，这正是犹太人风格中最显著的特色之一。

令人意外的是，这不是其他民族对犹太人出格的精明的一种刻薄讽刺，而是犹太人自己发明的笑话。

平心而论，犹太人并没有盘剥德国人，德国人仍然可以得到他开价的3000美元，至于是从有关委员会那里拿到的还是从犹太人那里拿到的，这在钱上面并不能反映出来。至于犹太人自己的开价，既然允许他们自定，他报得高一些也无可非议，怎么安排纯属个人的自由，就像法国人公然把妻子与情人在经济上一视同仁一样。所以，在这则笑话中，犹太飞行员的精明没有越出"合法"的界限。

而且说实话，仅就结果而言，任何一国的飞行员要处于这种"白拿1000美元"的位置上，都会感到满意的。但无论在笑话中还是现实生活中，他们都不会提出这样的要求，甚至连想也不会想到，因为这种"过于直露的精明"在潜意识层次就被否定了：他们会为自己的精明而感到羞愧！

但从这则笑话本身来看，我们丝毫感觉不到犹太人为自己精明得"过分"而羞愧的意思，只有一种得意，一种因为自己想出了如此精明甚至精明得无法实现的念头而"洋洋自得"的心情。至于是否"过于直露"这种考虑，丝毫不能影响他们的精明盘算，更不能影响他们对精明本身的欣赏。他们把精明完全看做一件堂堂正正，甚至值得炫耀的东西!可以说,对精明自身的发展、发挥来说,没有什么东西比这种坦荡的态度更为关键了。犹太人可以说就是在为自己卓有成效的精明的开怀大笑声中,变得越来越精明的!

犹太民族的笑话大多是精明的笑话,而现实生活中的犹太人更多的是精明之人,而且还是同样对精明持这种坦荡态度的精明之人。

5 用智慧念好生意经

世人无不惊叹,犹太商人聚敛财富的灵巧和诡谲如同魔术师一样。其实犹太商人之所以能成为世界上最成功的商人,犹太生意经之所以成为智慧的生意经,就是因为智慧与金钱同在。犹太生意经是让人在做生意的过程中越做越聪明的生意经,也是1加1大于2的智慧。

在国际社会的各个领域,都有犹太人卓尔不群的身影,尤其是在商业世界里,大凡执金融牛耳的皆是犹太人,他们之所以能出类拔萃,是与其民族独特的大智慧息息相关的。

钱只有融入了智慧之后,才带有灵性。犹太商人就是活的钱和活的智慧二者的圆满结合。

犹太人麦考尔曾经这样教导他的儿子:"我们唯一的财富就是智慧,当别人说1加1等于2的时候,你应该想到大于2。"

早年,父子俩来到美国的休斯敦做铜器生意。20年后,老麦考尔死了,小麦考尔独自经营铜器店。儿子始终牢记着父亲的话,他做过铜鼓,做过瑞士钟表上的弹簧片,做过奥运会的奖牌,他甚至把一磅铜卖到3500美元,这时他已经是麦考尔公司的董事长了。虽然是董事长了,但美国还是没有几个人知道他,真正让他扬名的,是纽约州的一堆垃圾。1974年,美国政府决定清理给自由女神像翻新扔下的大堆废料,很长时间没有人愿意承揽这个活儿,于是政府发布公告,向社会广泛招标。遗憾的是又过了很长时间,仍然没人投标,因为在纽约州,垃圾处理有严格规定,弄不好会受到环保组织的起诉。小麦考尔当时正带着妻儿在法国旅行。一天下午,当他在朋友那里听到这个消息后,立即决定终止休假,第二天一早就乘机飞往纽约。看到自由女神像下堆积如山的铜块、螺丝和木料后,他一言不发,当即与政府部门签下了协议。消息传开后,纽约许多运输公司都在暗自发笑,他的许多同行也认为废料回收费力不讨好,能回收的资源价值实在有限,这一举动实乃愚蠢之极,但聪明的小麦考尔并不因为人们的不理解而动摇。

正当所有的人都在等着看笑话的时候,他已经开始组织工人对废料进行分类。他让人把废铜熔化,铸成小自由女神像,旧木料则加工成底座,废铜、废铝的边角料则做成纽约广场的钥匙。他甚至把从自由女神像身上扫下的灰尘都包装起来当盆景土出售。他在自由女神像下面开了一个临时的小店,专门销售这些纪念品,凡是来瞻仰自由女神像的人,都争相购买,结果可想而知,这些废铜、边角料、灰尘都以高出它们原来价格的数倍乃至数十倍卖出,且供不应求。不到3个月的时间,他让这堆体积庞大的废料变成了350万美金,每磅铜的价格整整翻了1万倍。

智慧与金钱同在,在麦考尔身上得到了很好的体现,印证了"犹人商人是最有智慧的商人，犹太生意经是智慧的生意经"。也难怪欧美人都说："犹太生意经是让人在做生意的过程中越做越聪明而不是迷失的生意经。"

这些看来细小且无处不在的小智慧就是犹太商人开启成功之门的钥匙。犹太商人就是这样在竞争中把自己的钱袋装满的。

6 变通是一种必不可少的经商智慧

伟大的英国戏剧家莎士比亚写过一出有名的喜剧《威尼斯商人》，里面刻画了一个极端吝啬又充满报复心的犹太商人夏洛克。

此人专好放高利贷，一毛不拔，并因基督徒商人安东尼奥多次斥责他而怀恨在心。

一次，夏洛克借安东尼奥为资助朋友远行求婚急需用钱之机，同他立下契约，言明到期不还便以安东尼奥心口上的一磅肉来抵偿所借的3000英镑。

结果，安东尼奥由于货船接连出事而耽误了还债日期。在法庭上，不管别人如何调解，夏洛克坚持要他心口上的一磅肉，而不要哪怕数额再大的赔款。

于是，安东尼奥的朋友之妻，即朋友靠安东尼奥这笔借款的资助所娶来的妻子，机智地要求夏洛克只能取一磅肉，但不得流安东尼奥一滴血,否则处以极刑,才震慑住了夏洛克,并使他宁可认赔也不敢下手。

最后,基督徒们不仅以违约罪——说好割肉,却不割肉了惩处了夏洛克,罚掉他一大笔财产,还迫使他同意让女儿同基督徒结婚,并给予巨额嫁妆和遗产继承权。

很明显,莎士比亚对犹太人的这一看法,与其说来源于他自己对身边犹太人的感性认识,不如说这一看法更多地来源于中世纪基督教会关于犹太人的刻板模式或成见。当时,犹太人定居英国的时间并不长,只有200多年,英国人对犹太人的了解和认识还谈不上很深。

所以,莎士比亚作为一代文豪,虽然借剧中人之口为犹太人做了不少声辩,但不自觉地还是反映了,并且是典型地反映了当时主流文化对犹太人歧视、无奈而又嫉恨的心态。逼着犹太人只能同卑污的钱贷业打交道;不得不向犹太人借钱且对犹太人的财运亨通无可奈何,千方百计夺取犹太人的钱财和子女。

最不公道的是将中世纪基督徒那种近乎偏执的不惜放弃钱财的报复心,强加在夏洛克身上。随着夏洛克成为一个著名的文学典型,夏洛克及其以3000英镑换一磅肉的报复心,似乎也成了犹太人的典型。

其实,作为典型而不是个别例子,这是对犹太人极大的误解、极大的无知甚至极大的侮辱……因为在涉及钱财的问题上,如果犹太人有报复心的话,那么这种报复心也集中表现为索回钱财,而决不会要一磅"毫无价值"的人肉来做替代。

日本有一家犹太人开的公司。一次,一个公司雇员盗取公款后潜逃了。

董事长获悉后,十分恼怒,马上要求报告警察局。公司的一个主管赶快跑去找犹太共同体的拉比商量。

拉比听完情况后，明确告诉他：

"最好先查清楚他是否真的属于卷款逃走。如果情况属实，又告到警察局，他就会受到起诉，被送进牢房。但这不是犹太人的做法。"

按照犹太教律法，如果有人偷了钱，就要使这个人不坐牢而把钱取回来。一坐牢，钱就拿不回来了。

拉比建议他们，与其把卷款者抓回来投进大牢，不如设法自己找到他，把钱要回来，再处以罚金。

结果，公司真的把那个职员找回来了，并证明他的确是盗取公款潜逃。于是，他们把那个人带到了拉比那里。

拉比按照犹太律法，要求他赔款。但那个人表示，他已经身无分文了，并且表示，与其坐牢，不如去工作，把工资拿来分批偿还公款。

最后，拉比裁定，该雇员继续为公司工作（当然不会再有卷款的机会），以工资偿还公款，并处以一定比例的罚金。赔款由公司收回，罚款则交给拉比用做慈善基金。

其实，从文化学的意义上说，钱本来就是人的生命活动的一般等价物，剥夺钱财就是在剥夺一个人支配自己生命活动的权利。这种化"钱"为牢的办法，就其消极作用而言几近于关大牢，而就其积极意义而言，又胜过关大牢。

反过来，在怒火中烧的时候，一味放纵"报复"这种生命活动，无形中等于以那笔本来可以追讨回来的钱所代表的生命活动支配权做了抵押。

精明务实的犹太人绝对不会做这样的傻事，更不会在合约上留下这么大的漏洞。莎翁把夏洛克写得有点傻了，是不是无意识中感觉到，要不把夏洛克写傻的话，他戏剧中的法庭就审不下去了？

犹太人不仅在讨回赃款这一点上十分聪明，而且在确定罚款比例时，也表现出别出心裁的技巧。

一般来说，罚款的比例为赃款的25%。这只是一个大概，具体的还有许多严格规定，视被盗物的性质，被盗物能否用于赚钱，盗窃发生时的场合、时间等而定。

比如《塔木德》上规定，偷马的罚款比例非常高，可达400%，因为可以用偷来的马赚钱，被偷的人有可能走投无路。

有意思的是，一般偷驴比偷马的罚款低，理由是"马比较驯良容易偷"。犹太民族对智慧的极端爱好，于此也可以略见一斑。

在古代的以色列，罚款或拒付款、拒付利息的追讨，都采取以给钱的主人服劳役的方法来偿还。只有最为严重的情形，才把人送进监牢。但在犹太人心目中，这样做实在是下下策，并没有根本解决问题。

可以说，在处理这类不合法占有财产的问题上，犹太人似乎又走在了历史的前面。

中篇

处世智慧：
独到的做事准则决定了
不一样的成事途径

犹太人的做事方式给人一种特立独行的感觉，他们做事极富效率。这首先基于犹太人看问题时独到的角度和眼光，千百年来的做事准则规范着他们的处世方式，能让他们看问题直指核心，做事情善走捷径。

第一章

把逆境看做生活中不可缺少的磨炼

就一个人来说,判断他是否能有所作为不能只看其顺境时的志得意满,相反,面对逆境时的作为才能准确反映出他的人生态度和抗击打的能力,而正是这种态度和能力决定了其人生境界的高低。犹太人的成功不能不说与其视逆境为人生磨炼的态度大有关系。

1 人必须透过黑暗才能看到光明

犹太人不是指一个特定的人种,而是指所有信奉犹太教的人。在以色列,有白皮肤的犹太人,也有黑皮肤的犹太人,南也门犹太人是黑皮肤,而欧洲犹太人则是白皮肤的,他们的生活习惯也不尽相同,但他们的共同点就在于信仰相同,均信奉犹太教。犹太教有一种叫"加路特"和"奇拉"的信仰观念。"加路特"意即放逐、苦行、赎罪;而"奇拉"

意为从放逐中得到解救并赐予幸福。犹太人坚信，只要他们始终如一地相信上帝，不管受到怎样的苦难和流亡，最终他们都会得到幸福，回到上帝赐予的"应许之地"。正是这种"加路特"和"苛拉"的信仰观念，加上自认为是上帝"特选子民"的教义，使长期处于屈辱逆境中，历经战乱杀戮的犹太民族获得了永不枯竭的精神动力。虽历经沧桑却依然顽强生存，纵饱受苦难也决不绝望灰心，他们永远保持着坚韧的忍耐力和持久的积极进取精神。

德国纳粹占领东欧的时候，对犹太人极其残暴，意欲把他们赶尽杀绝。有个犹太家庭，全家4口躲在一间仓库的小阁楼上，全靠朋友接济度日。

每当纳粹巡逻队或不怀好意的市民走进仓库，他们全家人都得屏声敛气，一点声音都不敢弄出来。时间一长，他们学会了比手画脚，完全以动作来交换思想、传达感情。

为了生存，父母要轮流外出寻找食物和水。

3个月后的一天，母亲外出觅食未归，关心他们的市民说："你们的母亲被德国兵抓住了。"半年后，父亲刚出门不久，两个孩子就听到一声枪响……

两个大人相继死后，寻找食物的重担就落在了姐姐的肩上。每当仓库附近有风吹草动，姐姐就掩住弟弟的嘴巴。姐弟俩相依为命，度过了一个多月的艰难时光。后来姐姐出去之后就再也没有回来了。从此以后，凡听到异样的声响，弟弟只有掩住嘴巴，不让自己发出声来。

世界上有许多犹太人就是这样生存下来的。他们永不绝望，只要一息尚存，就要为希望而忍耐。

犹太人认为彩虹是希望的象征，每经历一场暴风雨后，天空便架起桥一般美丽的彩虹。犹太人相信黑暗过后必是光明，这是他们存活下来的信念。

而反观世界上有些民族的人，却显得脆弱不堪一击。鸡毛蒜皮的小事，也使其陷入绝境。恋爱失败、高考落第便去自杀，实在是自暴自弃的做法。学术不被承认、工作得不到领导赏识便灰心丧气，消极悲观。

犹太人说，人的眼睛是由黑白两部分组成的，但为什么只让其透过黑的部分看到东西？答案是因为人必须透过黑暗才能看到光明。

这就是人类忍耐力和承受力的基础。

中国的孟子曾说过："天将降大任于是人也，必先苦其心志，劳其筋骨，饿其体肤，空乏其身，行拂乱其所为，所以动心忍性，增益其所不能。"孟子的意思是说：如果上天要让某人做大事、成就大业的话，就一定要让他经历一番苦难，比如贫穷、困厄、劳苦等，目的是以此来锻炼他坚韧不拔的毅力和忍耐力，增强他对未来、对前途的希望和进取心。对于大多数成就大业的犹太人而言，苦难都是他们挥之不去的记忆，而正是这种苦难的经历造就了他们日后的成功与辉煌。在无数艰难困苦的时刻，他们怀抱希望，积极进取，决不气馁，于是终于有一天，他们成功了，走到了世界经济舞台的前台。

罗斯柴尔德家族金融帝国的创始人——迈耶·罗斯柴尔德从小就生活在歧视和敌意之下。可以想象，在一浪高过一浪的反犹浪潮下，他们的日子有多么艰难。当他继承父业经营古旧钱币时，并没有人对这种古旧玩意儿感兴趣，但他没有心灰意冷，他相信凭着自己的执着就一定能赢得机会。他苦心经营，更苦心钻研"古旧钱币学"。后来，他有机会

中篇　处世智慧：独到的做事准则决定了不一样的成事途径

同一位贵族将军交易，尽管此人傲慢无礼，目中无人，但最终还是被迈耶的博学和幽默所感染。从此以后，迈耶开启了他成功事业的大门。不过，在他的前半生中，他只算是一个小有名气的钱币商，这显然填不饱他的胃口。但他不急不躁，平静地等待着，暗暗地集聚着力量。他为比海姆公爵服务了20年，对于心怀大志、想出人头地的迈耶而言，在别人的手下做事显然有违自己的性格，但他忍耐着。法国大革命的爆发促成了欧洲军火和金融市场的空前活跃，于是迈耶终于有了大展身手的机会。他非常活跃地从事着军火和金融交易，苦苦修炼了20年，巨龙终于从黑暗、寒冷的海底一跃而起，挟疾风劲雨之势，掀起了翻江倒海的波澜，并最终成为欧洲金融帝国的掌门人。

迈耶的生活历程向我们暗示了一个道理，苦难并不可怕，只要我们坚韧不拔，怀抱希望，积极进取，漫长的苦难与忍耐之后，就是光明的曙光显现之时。

2　不怕失败才能征服失败

犹太人做生意虽然精明，但也不能保证100%的成功率。他们的成功秘诀除了那一套生意经，还有就是依靠一股不怕失败、永不服输的精神。

罗森沃德是美国最大的百货公司西尔斯—娄巴克公司的最大股东，

他也是美国20世纪商界的风云人物。然而，这个做服装生意起家的富翁却也经历了许多创业时的失败与艰辛。

罗森沃德1862年出生在德国的一个犹太人家庭，少年时随家人移居美国，定居在伊利诺伊州斯普林菲尔德市。

罗森沃德的家境不大好，为了维持生活，中学毕业后，他就到纽约的服装店当跑腿，做些杂工。罗森沃德从幼年时就受犹太人教育的影响，具有艰苦奋斗的精神。他确信凡人皆有出头之日，一个人只要选定了目标，然后坚持不懈地往目标迈进，百折不挠，胜利就一定会酬报有心人的。罗森沃德本着这种精神，十分卖力地赚了几百块钱。

"我要当一个服装老板。"这是罗森沃德的奋斗目标。为了实现这个目标，他除了在工作中留心学习和注意动态外，把全部的业余时间都用于学习商业知识，找有关的书刊阅读。到1884年，他自认为有些经验和小小的本金了，决定自己开设服装店。可是，他的商店门可罗雀，生意不佳，经营了一年多，把多年辛苦积蓄的一点点血汗钱全部赔光了，商店只好关门，罗森沃德垂头丧气地离开纽约，回伊利诺伊州去了。

痛定思痛，罗森沃德反复思考自己失败的原因。最后，他找出了原因：服装是人们的生活必需品，但又是一种装饰品，它既要实用，又要新颖，这才能满足各种用户的需求。而自己经营的服装店，没有自己的特色，也没有任何新意，再加上自己的商店尚未建立起商誉，没有销售渠道，是注定要失败的。针对自己出师不利的原因，罗森沃德决心改进，他毫不气馁，继续学习和研究服装的经营办法。他一边到服装设计学校去学习，一边进行服装市场考察，特别是对世界各国时装进行专门研究。一年后，他对服装设计很有心得，对市场行情也看得较为清楚。于是，他决定重整旗鼓，向朋友借来几百美元，先在芝加哥开设一间只有10多平方米的服装加工店，他的服装店除了展出他亲自设计的新款服装图样外，还可以根据顾客的需求对已定型的款式加以改进，甚至完全按照顾客的口述要求重新设计。因为他的服装设计款式多，新颖精美，再加上其经营灵活，很快博得了客户的欣赏，生意十分兴旺。两年后，他把自己的服装加工店扩大了数十倍，改为服装公司，大批量生产各种时装。从此以后，他财源广进，声名鹊起。

在人生中，失败时常发生，失败了也别悲观，因为失败并不意味着没有希望，相反"失败"是成功之母，活用失败与错误，是自我教育和提高的有效途径。商场如战场，成功的背后可能有更多的失败和辛酸。作为商人，面对失败，就应该像爱迪生那样坦然面对而决不气馁。爱迪生一生有1000多项科技发明，当有人问他经过许多试验而失败时是否会感到心灰意冷，他回答说："不，我抛弃了错误的试验，重新采取别的方法，决不沮丧！"的确，面对失败，一定要记住决不气馁！按现代管理学的概括就是：失败就是我们学习曲线和经验曲线的自变量，只有经历失败，才会吸取教训和积累经验，为下一次成功做准备。

3　什么情况下都对未来充满希望

或许再没有哪一个民族像犹太民族一样，经历过那么多不幸，经历过那么多压迫和杀戮。犹太人四处流浪，他们从血腥的屠杀中挣脱出来，他们从险象环生的黑暗丛林中突围出来，他们在无尽的偏见和仇视中默默地抗争着、奋斗着。面对不幸与欺辱，他们从未被击倒，身临困厄与逆境，他们从不畏缩和气馁；他们坚信自己是上帝的"特选子民"，只要自己不失去信念，不停止奋斗就最终会取得胜利；他们把逆境和打击看做检验自己信念与意志的机会，也把它们看成是下一次成功的垫脚石。他们已经历了太多的不幸与风浪，习惯了不如意之事十之八九的人生，深知世上决不会一帆风顺。犹太人认为：人生就是一个挣扎与奋斗的过程，只受过一次打击就一蹶不振的人才是真正失败的人，而只要敢于从失败中重新认识自己，吸取经验和教训，就可以到达新的起点，最终取得成功。我们周围充满着困难与障碍，也充满着希望与绝望，我们要做的就是坚定信念，培植希望。《塔木德》上记载着这样一个故事：

有3只青蛙掉进了鲜奶桶中，第一只青蛙说："这是神的意志。"于是盘起后腿，一动不动，静静地等待着。

第二只青蛙说："这桶太深，没有希望出去了。"于是绝望地慢慢死去。

第三只青蛙说："糟糕，怎么掉到鲜奶桶里了，但只要我的后腿还能动，我就要奋力向上跳。"

这只青蛙一边划一边跳，慢慢地，青蛙的后腿碰到了硬硬的东西，于是它奋力一跃，跳出了奶桶。原来，鲜奶在它的搅拌下渐渐变成了奶油。

第一只青蛙相信宿命，第二只青蛙毫无信念可言，第三只青蛙坚守信念，顽强努力，充满希望，这便是犹太人的写照。

犹太人顽强而坚韧的精神意志和挑战风险、永不气馁的进取意识，恰恰构成了犹太人成功的又一重要精神积蕴，从而使他们在充满竞争的世界舞台上纵横捭阖、卓尔不群。犹太人不但敢于冒险，更能在逆境当中从容镇定、自由应付。他们不怕风险，更善于在风险中施展自己的智慧和生存技巧。他们面对失败，决不气馁，而是吸取教训，重新再来。

4　时刻具有危机意识

人们评价犹太人的危机感及忧患意识时说："每当幸运来临的时候，犹太人总是最后感知；而每当灾难来临的时候，犹太人总是最先感知。"

任何一个犹太人都知道他们是输不起的，他们只能成功。因为，失败了，就意味着灭亡和永远没有机会再来，因而，他们都异常地努力。很多犹太人就是在处于别人看起来根本就不可能东山再起的绝境时，取得了成就。查看犹太名人的少年经历就会发现，在10个犹太名人里面，有八九个是从小在苦难、坎坷中长大的。犹太人的这种逆境成功的精神，永远为世人所敬佩。

有这样一个科学实验：

科学家烧开一锅油，把一只青蛙放在滚热的油锅旁边，那只青蛙在快到油面的时候，竟然跳离了油锅。然而，把这只青蛙放进注满水的锅里，下面放火去煮，这只青蛙开始还觉得温热，后来水越来越热，它却不愿意离开锅里，最后被开水煮死。

犹太人就像那只快触到油锅的青蛙，他们时刻充满了危机意识，在任何情况下都保持着警惕。许多犹太人的一生经历了许多痛苦和磨难，因此，当他们有了安定的生活的时候，他们是决不会忘记曾经受过的苦难的。在他们的心里，时刻充满了警惕，目的就是不让自己忘记过去。

一天，犹太教士胡里奥在河边遇见了忧郁的年轻人费列姆。

费列姆唉声叹气，愁眉苦脸。

"孩子，你为何如此郁郁不乐呢？"胡里奥关切地问。

费列姆看了一眼胡里奥，叹了口气："我是一个名副其实的穷光蛋。我没有房子，没有工作，没有收入，整天饥一顿饱一顿地度日。像我这样一无所有的人，怎么能高兴得起来呢？"

"傻孩子，"胡里奥笑道，"其实，你应该开怀大笑才对！"

"开怀大笑？为什么？"费列姆不解地问。

"因为你其实是一个百万富翁呢！"胡里奥有点诡秘地说。

"百万富翁？你别拿我这穷光蛋寻开心了。"费列姆不高兴了，转身欲走。

"我怎敢拿你寻开心？孩子，现在能回答我几个问题吗？"

"什么问题？"费列姆有点好奇。

"假如现在我出20万金币买走你的健康，你愿意吗？"

"不愿意。"费列姆摇摇头。

"假如现在我再出20万金币买走你的青春，让你从此变成一个小老头，你愿意吗？"

"当然不愿意！"费列姆干脆地回答。

中篇　处世智慧：独到的做事准则决定了不一样的成事途径

"假如我现在出20万金币买走你的美貌，让你从此变成一个丑八怪，你可愿意？"

"不愿意！当然不愿意！"费列姆的头摇得像个拨浪鼓。

"假如我再出20万金币买走你的智慧，让你从此浑浑噩噩地度过一生，你可愿意？"

"傻瓜才愿意！"费列姆一扭头，又想走开。

"别慌，请回答完我最后一个问题——假如现在我再出20万金币，让你去杀人放火，让你从此失去良心，你可愿意？"

"天哪！干这种缺德事，魔鬼才愿意！"费列姆愤愤地回答道。

"好了，刚才我已经开价100万金币了，仍然买不走你身上的任何东西，你说你不是百万富翁，又是什么？"胡里奥微笑着问。

费列姆恍然大悟。他谢过胡里奥的指点，向远方走去……从此，他不再叹息，不再忧郁，微笑着寻找他的新生活去了。

这就是犹太人，他们坚信可以凭借自身的实力来获得财富，改变自己的命运，外在的条件都是可以改变的。

一个人不可能一辈子一帆风顺，相反却会遭遇到许许多多的不幸、挫折和失败，所谓"人生不如意十有八九"，那么，面对失败，该怎么办？应该像犹太人那样去探索未知的领域，去挖掘自我潜能的极限。但是，如果冒险失败怎么办？很简单，像犹太人那样从失败中学习，再重新开始。失败挫折并不可怕，可怕的是从此一蹶不振。只要善于吸取教训、总结经验，终将到达成功的彼岸。当然，失败的滋味是很不好受的，但痛苦之余，不要忘了从正面透视失败，彻底探索导致失败的因果关系及其暗藏的意义，从失败中学到的东西是无可比拟的宝贵财富。不妨这样说，只会一味品尝失败记忆的人实际上尚未成熟，只有坦然面对失败的人才是真正成熟的人。

犹太人在逆境中善于运用他们自己的智慧来改变命运，我们来看下面这个例子。

一对犹太父子在外经过多年的奋斗，终于挣了一大笔钱。他们把钱换成一些珍贵的珠宝、古董、字画，因为他们知道把这些运回家乡又可以挣一笔钱。他们小心翼翼地把这些贵重物品用箱子装好，并包租一艘船从海上回家。

但是，不幸的是，海员们发现了这些珍宝，并且密谋要抢劫和杀害这对犹太父子。得到消息后的父亲和儿子很紧张，考虑如何脱身，可是茫茫大海，海员们又人多势众，怎么办呢？

于是，父亲大骂儿子："你如此不孝顺，我这么辛苦为了什么？"说着，他打开箱子把珠宝、古董、字画通通丢到大海中。海员们看得目瞪口呆，但为时已晚，只能眼睁睁地看着珍宝葬身大海。于是海员们不得不放弃罪恶的计划，把犹太父子送到了目的地。

一上岸，犹太父子就把海员们告上法庭。法官认为一个人只有在生命受到侵害时，才会抛弃自己的财富，于是认定海员们有罪，判决海员们归还价值相等的金币给犹太父子。

从这个故事可以看出，犹太人面对危机却不慌张，他们善于从危机中寻找到希望，战胜一切困难，从而保护自己的利益。

5　自强不息才能把握自己的命运

　　世界连锁店先驱卢宾，是1849年出生于俄国的犹太人。他随父母生活在俄国，受到歧视，不得不迁居到英国，在那里生活了两年，由于温饱没有保障，又不得不迁居到美国纽约。没有条件读书，他16岁那年跟随淘金潮流到了加州去淘金。黄金没有淘到，迫使他另谋生路，从卖小日用品开始，逐步发展成大商店，最后创造出连锁商店经营模式，成为大富豪。卢宾的成功，在于没有因为几经波折而气馁；在淘不着黄金的情况下，动脑筋、想办法，从千千万万的淘金者身上打主意。卢宾想到淘金者在矿场上需要各种日用必需品，就以这点作为突破口，走上规模经营和连锁销售的发迹之路。

　　自立当自强，自强促自立，两者相辅相成。"世上无难事，只怕有心人"，世间没有不能成功的事，只有不愿成功的人，他们渴望成功，但却受不了成功所要付出的代价。杰出的人物之所以能成功，一个重要的原因就是他们均能自强不息，并且具有必胜的信念。生活中总有许多人抱怨自己没本事，从而消极平庸度过一生，但实际上每个人都有成功的潜质，正如拿破仑所言："世上没有废物，只是放错了地方。"只要选准一条适合自己的路，坚持下去，自强不息，积极进取，就一定能成功。

　　自强不息是犹太人的一个优良传统，在困难和挫折面前他们从不退缩，迫害和杀戮也封锁不了他们前进的道路。从罗马帝国时代起，犹太人便被迫离开故土，浪迹天涯。在漫长的流亡漂泊岁月中，犹太民族的特性、宗教、语言、文化、文学、传统、历法、习俗和智慧没有因为这

2000多年的悲惨民族史而分崩离析，他们至今仍保持着自己民族的特色和凝聚力。千百年来，犹太人人才辈出，精英遍布世界。处境恶劣与成果卓著形成的强烈反差，是这个民族旺盛的生命力和自强不息的进取精神的反映。

巴拉尼是一个犹太人的儿子，年幼时患了骨结核病，由于家境不富裕，无法医治好，他的膝关节永久性地僵硬了。但是，他没有因此而丧失生活的信心，相反，却增加了生存和创业的决心。他立志学习医学，历尽艰难，终于学有所成，特别是对耳科绝症有独到的研究。他一生发表了184篇医学科研论文和两本很有研究价值的论著《半规管的生理学与病理学》、《前庭器的机能试验》。由于科研成果卓著，他获得了所在国奥地利皇家授予的爵位，并于1914年获得诺贝尔生理学及医学奖。可以说，这些荣誉和奖励是对他自强不息精神的一种报酬。

让我们再从以色列国来看犹太人的自强不息精神，这个国家中犹太民族占主导地位，犹太人占全国人口的83%以上。历尽沧桑的犹太人，于1948年才在亚洲西部、地中海东岸约2万平方公里面积上建立起以色列国，这是一个自然条件极其恶劣的国家。全国国土有80%~90%是沙漠和荒丘，几乎是"不毛之地"。全国资源贫乏，淡水奇缺。但以色列的犹太人自强不息，靠其民族的顽强生存意识和智慧，经过40多年的建国创业，使这块土地出现了举世闻名的奇迹。"不毛之地"长出了丰硕的庄稼，农业不仅使以色列国民自给自足，而且还成为该国出口创汇的重要组成部分。他们把荒丘和沙漠开发成良田，1949年到1984年间，共改造和开发出27.2万公顷可耕作土地。由于缺少农业用水，他们便采用远地引水技术和滴灌技术开源节流，不但解决了用水问题，还成了世界农业用水技术的榜样和先驱。今天,以色列人口是建国初期的 8 倍多,该国的农业产量却比建国初期增长了 16 倍多。

以色列不但在农业方面取得了巨大成就,工业和其他行业同样也取得了飞跃发展,现在,以色列的国民生产总值已人均年超 10000 美元了,进入了世界经济先进国的行列。

可见,自强不息精神是催人奋进和获取成功的法宝,是犹太人的一门制胜术。有了自强不息的精神,就会产生信心,有了成功的信心,就会设法发挥自己潜在的力量,把这种力量用在自己的奋斗目标上,就可以排除万难坚持下去,终会拥抱成功。这就是俗语所说的"精诚所至,金石为开"。相反,没有自强不息的精神,轻易地妄自菲薄,压抑自我发展的想法和潜力,成功就会敬而远之。

6 把苦难作为成功的最大动力

可以说,犹太人是世界上经历苦难最多的民族。但也许犹太人获得成功的动力,正是他们在 2000 多年里所遭受的蹂躏和苦难。这些苦难使得他们更加团结;使得他们意识到家庭教育的重要性;使得他们不能从事工业、农业,只能选择商业或者艺术;赋予了他们赶超他人的最大动力;培养出了他们的很多优点,例如爱国、守约、节俭以及商业上的智慧等。

历史上的犹太人，尽管一再被异族统治者折磨、奴役，但他们每次都能凭借经济手段重新站起来。在许多统治者眼里，犹太商人成了他们摆脱困境的法宝。每当经济不景气时，他们就将犹太商人招来，而等犹太商人将经济发展起来时，君主们又会将他们的财产没收，并将他们赶走。

诸如此类的事情在法国、英国、德国、意大利等国频繁发生，犹太商人一次次被召回来，又一次次被赶出去。正是在这频繁的反复无常中，犹太商人随时都经受着血与火的考验，并对他们的商人素质进行了最为严格的锻炼与筛选，迫使他们不断提高经商才干。几经反复之后，使得犹太人"修成正果"，最终成了公认的"世界第一商人"。

也许，犹太人并不是天生就会做生意，完全是后天艰难环境造就了他们。如果不是国破家亡，犹太人的生意才能说不定会朝别的方面发展呢。

犹太人还有一个习惯——纪念战败的日子，也就是纪念屈辱的日子。世界上大部分民族的节日都含有庆祝的意味，而犹太人的节日大多是为了记取他们曾经遭受的苦难与失败。他们在每一年的节日中，回忆祖先的失败，借以警惕和自我激励。所以有人嘲笑犹太人，说他们是"败北的天才"。但这正是犹太人的可敬之处，他们深信：只有记住苦难的经历，才会产生出强大的力量。

在犹太民族的纪念日中，最隆重的节日是"逾越节"了，那是摩西率领犹太人越过沙漠千里迢迢地回到以色列的纪念日。就在这胜利的纪念日里，犹太人仍然没有忘掉那段苦难的日子，他们会在"逾越节"的晚上，吃一种叫做"玛索"的很粗糙的面包。这种面包正是当时犹太人

中篇　处世智慧：独到的做事准则决定了不一样的成事途径

在埃及做奴隶时吃的，它所代表的是屈辱。犹太人让后代子孙吃这种面包，就是让孩子品尝祖先们曾经受过的屈辱，并教育孩子如何在痛苦中坚强起来。

即使在结婚这样喜庆的事情上，犹太人也会提醒新人不要忘记苦难。婚礼规定新人喝完酒后，不能把酒杯放入盘中，而是把酒杯摔碎，这个动作表示两个人要同甘共苦，一起度过哪怕是苦难的一生。

人的精神力量是无限的，可以创造任何奇迹。犹太人就是犹太人，他们即使遭受再多、再痛苦的磨难，也会在艰难中顽强地生存下来。

犹太女作家戈迪默无疑是犹太民族这种精神的代表。她是第一位获诺贝尔奖的女作家，也是诺贝尔文学奖设立以来的第七位获奖者。当然，这份荣誉是她用40年的心血和汗水换来的。

戈迪默于1923年11月20日出生在南非约翰内斯堡附近的一个小镇。小的时候，她梦想着当一位芭蕾舞演员，但事与愿违，因为体质太弱，她经常被一些小病痛纠缠着。不得已，戈迪默只好放弃了这个理想。

命运的残酷不只是如此，8岁那年，戈迪默又因患病离开了学校，中断了学业，终日坐在床上与书为伴。

整天看书使得戈迪默对文学产生了浓厚的兴趣。于是，她从9岁就开始了文学生涯，经过努力，15岁的时候，她的第一篇小说在一家文学杂志上发表了。几年以后，戈迪默的第一部长篇小说《说谎的日子》问世。该书优美的笔调、深刻的思想内涵，轰动了当时的文坛。此后，戈迪默的创作一发而不可收，相继写出10部长篇小说和200多篇短篇小说。

惊人的产量，加上精致的品质使她连连获得各种文学奖。主要有

W·H·史密斯文学奖、詹姆斯·台特黑人纪念奖、南非 CNA 文学奖、英国布克奖、法国埃格尔文学大奖、意大利普莱米欧·马拉帕特奖、德国奈莉·萨克斯奖、美国班奈特奖等。此外，她还是法国文学骑士勋章获得者、美国艺术科学院荣誉院士和国际笔会副主席。1991 年，她在 6 次提名之后获得诺贝尔文学奖。

有谁能否认，在戈迪默的成就里有一份苦难的"功劳"呢？

第二章

不一样的思路开创不一样的出路

犹太人思路开阔，能够想人所不敢想、不能想，从而独辟蹊径，找到解决问题的新路子。这一点在他们最为擅长的经商上表现得最为淋漓尽致。善于逆向思维让他们从不拘一格的思路中收获了财富、收获了成功。

1 只做需要自己认真思考的事情

善于思考的人，他的思维是全面的，在别人说一的时候，他想到的应该是二。有些人就是靠这样多想几个问题成功的。犹太人善于思考，因此他们在商业上才会有如此突出的成就。如果我们生搬硬套他们的挣钱之道，而自己不去思考，一定会像下面这则笑话里的法国人一样可笑。

有一次，两个法国人和两个犹太人搭火车旅行。法国人很单纯，每人买了一张票；而犹太人精打细算，两个人只买了一张票。法国人见到这种情形，就问犹太人："你们只有一张票，那列车长来查票时，你们怎么办？"犹太人神秘地笑而不答。

上了火车不久，便传来列车长查票的声音，只见两个犹太人挤进一间厕所。列车长查票，来到他们的车厢，敲了敲厕所的门，说："车票看一下！"门开了一条缝，一只手拿着一张票伸出来。列车长怎么也想不到一间厕所内竟会躲着两个人。他看过了票，说道："嗯，好了，谢谢！"又把票从门缝中塞了回去。

到了目的地，他们4个人玩得很尽兴。踏上归途买票时，两个法国人心想："早上来时，犹太人的方法真不错……"于是他们经过讨论后，决定也买一张票。轮到犹太人时，只见他们摇摇头，说这次就不买票了。

上了火车，两个法国人期待着：不知道犹太人又有什么好方法。说时迟，那时快，列车长又来查票了。法国人顾不得观看犹太人的新招数，两个人赶紧钻进了厕所。又是"咚咚"两声，犹太人敲了敲厕所的门，门应声而开，一只手拿着一张票，从门缝中伸出来。犹太人说道："嗯，谢谢！"

两个犹太人拿了票，立刻往前一节车厢的厕所奔去。

法国人本想学犹太人的做法省点钱，没想到丢了一张票。这个笑话告诉我们，对任何事情都要独立思考，不思考就会犯错误。而反过来犹太人却很善于思考，回来时甚至连一张票都省掉了，在法国人想到一时，犹太人早就想到了二。

犹太人在法庭上是这样规定的：如果所有的法官都一致判定某个人犯罪，那么这个判决是无效的。因为都是一样的观点，说明这个案子大家都只看到了一个方面，而忽略了另一个重要的方面，因而大家的观点都是片面的，不具有客观性。如果一部分法官认为是有罪的，而另一部分法官认为是无罪的，那么这个判决就被认为是客观的，是有效的判决，因为有不同的观点出来，证明大家是从各个角度看问题的，是比较全面、客观的评价。

同样，在作证的时候，至少必须有 3 个证人出具证明才可以证明这个人是否有罪。因为这 3 个证人是从不同的角度来阐述这个人的犯罪情况，因而他们的意见可以采纳。

善于思考，专心自己的事情，把时间用在你真正需要用的地方，因为衡量人的工作价值不是看你劳动的多少，而是看你付出的实际有效劳动创造的成果有多少。

《塔木德》上记载了这样一个小寓言：

一只蜜蜂和一只苍蝇同时掉进了一个瓶子，在这个瓶子的瓶口处有一个小口。

蜜蜂整日在瓶子的底部转来转去，它每日充满希望地、一刻不停地咬啊叮啊，它想只要自己叮破这个瓶子，就可以出去了。结果，3 天之后，它死在了瓶子里面。

而苍蝇呢，它在瓶子里转了几圈后，发现四周都很坚固，于是就想最好能够找到一个出口，这样才能够逃生。想到这里它就四面八方地寻找出路，结果就意外地发现那里有一个口子，很快便飞了出去。

这个小寓言告诉人们，遇到事情之后不要盲目地行动，一定要先动脑筋，准确地找到奋斗的方向，把主要的精力放在寻找解决问题的突破口上。反之，像蜜蜂一样不停地埋头苦干，虽然极为勤奋，也是徒劳无功，枉费心机。

这也就是为什么许多人终生劳碌却一无所获，而有些人不甚忙碌却颇为富有，甚至是不劳而获。后者看似清闲，却把全部的精力放在了他们真正应该投入的地方，放到思考上面了，他们明白应该在什么地方投入精力，而在有些事情上根本不需要投入精力。前者看似终日奔忙，但是他们却不动脑筋，不知道自己真正应该做的是什么。他们的原则是：这是工作，就要完成。至于为何要完成这些工作，怎样才能完成这些工作，他们全然不知。在这些问题面前，他们变得糊里糊涂。他们一心想的是快干、快干、再快些。这样，大量的精力被放在了一些不重要的事情上，以致错过了干重要事情的机会，因小失大。

华尔街聚集了为数众多的投资者，是世界上最为精明的投资者所争夺的宝地。许多投资者每天都要紧盯着电脑看行情的报价，不放过任何一个可以看到的有关市场分析、评论的文章，因为他们明白，错过任何一条有价值的信息，就可能失去一次绝好的发财机会。因此，他们整天都待在自己的办公室里，紧张地研究和分析各种可能的情况。回家之后，还在不停地思考和预测未来的变化。仅在办公室里，他们每周都至少工作80个小时以上，然而，事与愿违，他们的投资大多都以亏本告终。

与此同时，著名的金融家摩根也在这条街上。不过他与众多的投资者不同，人们看到他大多数时间或者是在休假，或者是在娱乐，每周工作的时间不到30小时。人们大为不解，就问他为何经常玩乐还轻松地赚到了那么多钱。他回答说："那其实是工作的一部分。只有远离市场，认真思考，才能更加清楚地看透市场。那些每天都守在市场的人，最终会被市场中出现的每一个细节所左右，也就失去了自己的方向，被市场给愚弄了。"

摩根赚钱的轻松方法，是很值得人们思考的。正如他自己所说的那样，一味艰苦地工作，往往看不清市场的本来面目，被市场所愚弄，当然赚不到钱了。而摩根在玩乐中，超然于纷繁复杂的市场之外，能够极为冷静地判断目前的市场走势，透过光怪陆离的表面看清楚目前的问题所在，这才是摩根的过人之处。拼命地工作，盲目地跟随，结果肯定是输得一塌糊涂。

著名的犹太企业家吉威特经营多处餐馆，又承包了大量的工程，还创办了报纸，他一个人是怎样兼顾这些的呢？

原来，对于报社的经营，他完全委托给负责者，自己并不亲自参与，但对业绩却丝毫不放松。他让责任人定期向自己汇报最近的业绩情况，如果情况不好，就让他们拿出解决的方案，他只看最后的结果就可以了。

对于建筑工程也是一样，他向工程的负责人指示：只要不发生错误，他从不干涉。他认为对经营者来说，这是一种应该遵循的原则：只指出做法，然后把一切托付给实际负责人，用人不疑，疑人不用。这样才能使得各项事业皆能顺利发展。

这就是吉威特的过人之处，也是经营者应该遵循的原则。

"有些事情何必自己去干呢，你只需要干自己必须去干的事情，其他的事情交给别人去干好了。一个人倘若事必躬亲，不论其才干多么高超，也难以兼顾。"洛克菲勒说，"我永远信奉干活越少、赚钱越多的真理。你只需做那些需要自己认真思考的事情，这才是你的任务。"

2 变薄利多销为厚利适销

在很多商人的观念中,薄利多销好像永远不变的定律似的。古时候的商业史是这样,现代的商业同样也是如此。到商店或市场随便走走,与商人们稍做交谈,或是你在购买商品时常听商人们又像抱怨,又似骄傲地说:"我们这可是薄利多销呀!赚不了多少钱!"你一定会认为这个商人很能干,精通商法,而又谦虚,怀财不露。

可是,这种销售商品的观点在犹太人看来,是十分愚蠢而不可理解的。他们一定会为事业辛辛苦苦地经营,多销当然是好事,但是在薄利的条件下,能赚多少钱呢?为什么不"厚利多销"呢?

我们时常看到商业界往往假借某种名义如季节、节日、迁址等举行大拍卖,同业界互相竞争,害怕对方的价格比自己的低,而把标价持续不断地降低,成为市场上的"削价大拍卖",自以为得计,以"薄利多销"来自我陶醉。实际上,这种"内讧"使他们失去了大部分该得的利润。

这种做法,犹太人是绝对不赞同的,他们认为这种举动极其愚蠢。这种"薄利多销"的做法,无异于把绳子往自己的脖子上套,越套越紧,结果是动弹不得而咽气。事实上,有很多公司、工厂、商店,为了"薄利多销"而两败俱伤。此种做法,可以说是冲向死亡的赛跑,看谁先跑到死亡终点。

犹太人的商法里,没有"薄利多销"这个词,他们主张的是"厚利多销",他们就是根据厚利多销赚大钱的。正因为这样,他们很少采取削价法来推销商品。他们之间,也不会出现竞相压价的现象。

中篇　处世智慧：独到的做事准则决定了不一样的成事途径

犹太商人认为进行薄利竞争，就如同把脖子套上绞索，愚蠢至极。这又如"死亡赛跑"，是从在暴力政府压制下商人被迫低价出售自己东西的做法演变而来的。他们还认为，同行之间开展薄利多销的竞争，总希望以比其他竞争者更低的价格售出更多的商品，这种心情是可以理解的。但考虑低价销售前，为何不考虑多获一点利呢？如果大家都相互以低价促销，厂商哪能维持长久地经营？何况市场是有限的，消费者已买够了，商品价格再低也很少有人要了。

犹太商人对"薄利多销"的营销策略持相反的态度。他们认为，在灵活多变的营销策略中，应采取上策而不要采用下下策。卖3件商品所得的利润只等于卖出一件商品的利润，这是下下策；经营出售一件商品获得贱卖3件商品的利润，这是上策。这样，既可省下各种经营费用，还可保持市场的稳定性，并很快可以按高价卖出另外两件商品。而以低价一下卖了3件商品，市场饱和了，你想多销也无人问津了。

犹太商人在经营活动中除了坚持厚利适销的做法外，为了避免其他商人"薄利多销"的冲击，他们宁愿经营昂贵的消费品，也不经营低价的商品。为此，世界上经营珠宝、钻石等首饰的商人中，以犹太人居多。犹太商人之所以多选择这个行业，显然是希望避开那些薄利多销的竞争者，因为这些竞争者一般没有资本或力量经营首饰类资本密集型商品。

犹太商人的"厚利适销"营销策略，以有钱人为着眼点。名贵的珠宝、钻石、金饰，一掷千金，只有富裕者才买得起。既然是富裕者，他们付得起，又讲究身份，对价格就不会那么计较。相反，如果商品定价过低，反而会使他们产生怀疑。俗语说"便宜无好货"，对于这句话，富有者印象最深。犹太商人就是抓住消费者的这种心理，开展厚利策略经营的。他们即使经营非珠宝、非钻石首饰商品，也是以高价厚利策略营销，如美国最大的百货公司之一——梅西百货公司出售的日用百货品总比其他一般商店同类商品价高50％，但它的生意仍比别的公司要好。

犹太商人的高价厚利营销策略，表面上从富有者着眼，事实上是一种巧妙的生意经。讲究身份、崇尚富有的心理在西方社会乃至东方社会中，比比皆是。在富贵阶层流行的东西，很快就会在中下层社会流行起来。据犹太人统计和分析，在富有阶层流行的商品，一般两年时间左右就会在中下层社会流行开来。道理很简单，介于富裕阶层与下层社会之间的中等收入人士，总想进入富裕阶层，为了满足心理的需求或出于面子原因，总要向富裕者看齐。为此，他们也购买时髦的高贵商品。而下层社会的人士，往往力不从心，价格昂贵的产品消费不起，但崇尚财富的心理作用总会驱使一些爱慕富贵的人行动，他们也不惜代价而购买。这样的连锁反应，使昂贵的商品也成为社会流行品，如金银、珠宝、首饰现在不是成为各阶层妇女的宠爱之物吗？彩电、音响这些原来的高档产品，现在也进入了平民百姓家庭；小轿车也成为广大群众的必需品。可见，犹太商人的"厚利适销"策略也是紧盯着全社会的大市场的。

以现代经营的理念来看，犹太人的"厚利适销"其实是一个产品定位的问题，在选择目标顾客时，你可以选择低端的市场，也可以选择高端的市场。"厚利适销"定价策略，是营销学中定价策略的一种。在营销学中一般有五种定价策略：（1）撇脂定价策略。这是一种以高于成本很多的定价投放新产品的策略。有些新产品由于率先推出，以奇货自居，一般会采取这一策略。（2）渗透价格策略。这是一种与撇脂定价策略相反的策略，把产品的价格定得很低，借以排除竞争对手，迅速地占领市场。(3)折扣策略。这是一种通过变通的办法给购买者以优惠并鼓励其积极购买和如期支付货款的价格策略。(4)综合定价策略。即经营者根据市场竞争中的位置,采取综合定价办法,即有的产品价高,有的产品价低,或者把产品销售的有关因素都包括进去,以利于产品推销和开拓市场。(5)心理定价策略。这是一种为满足各种类型消费者心理的价格策略。人们在购买商品时具有多种不同的心理,有人出于实用性,有人出于好奇心,有人出于自尊心,有人为显示富贵。针对这些心理定价,会对顾客的购买欲产生强烈的刺激作用。犹太商人的"厚利适销"策略,是集心理定价与撇脂定价策略于一体的策略,由于运用得当,成为其经营的生意经。

其实不论选择哪一块市场,目的都是能够尽可能地赢得市场并获取最大化的利润,关键是要结合自身的优势和市场的环境来决策。

3 总能找到解决问题的出路

在实际经营活动中,犹太商人同样也会遇到种种规则与经营目标发生冲突形成两难的情境,但同一些喜好偏执于一端的其他商人不同,犹太商人的基本策略是化两难为两全。

犹太人自己有这么一个笑话,也许可以作为犹太商人这一策略的幽默解说,虽然其中并没有出现商人。以色列的住房问题很严重,几个德裔犹太人只好将一个报废的火车车厢做临时住处。有一个晚上，几个德裔犹太人穿着睡衣，在寒风中颤抖不已地来回推着车厢。一个本地犹太人不解地问："你们到底在干什么？"

"因为有人要上厕所，"推车人耐心地说明，"车厢里写着：停车时禁止使用厕所。所以，我们才不停地推动车厢。"

凡乘过长途火车的读者，想必都有机会看到这一条规定。其意图何在，大家也都清楚。现在既然车厢已经成为固定居所，此规定作为列车运行中的规定理当自然失效，虽然为保障"住宅"周围的环境卫生还有必要遵守，可是这几个德裔犹太人（犹太人中法律观念最强的，也许就是德裔犹太人）却不知变通，死守规定，弄得两头不讨好：人冻得要命，环境卫生仍没搞好。这是对笑话的一般理解。

然而，要是换一个角度来看，事情就完全不是一个"迂腐"的问题，反倒是"变通"的表现了。

这几个犹太人是寄居在火车车厢之中的，就像犹太商人长期寄居在其他民族的社会中一样。这条规定是铁路主管部门制定的，无论其是否有效，应由列车车厢的所有人或铁路主管部门宣布，这几个犹太人没有立法的权力，自然也没有废除某项法律的权力。说实在的，犹太商人在各自所居住国家中，经常也要面临这类原该自然废弃但偏偏还起着"作用"的法律或约定俗成的规矩，要是他们也经常越俎代庖地宣布予以废除或触犯规矩，带来的恐怕远不止"环境卫生"的问题了。

规定既然不能废除，用厕所又在情理之中，聪明的德裔犹太人就想出了让列车"动起来"的点子；只要车厢一动，规定便从其本意上不适用了，无须再由任何人来废除，既然铁路主管部门从未规定是否允许人

中篇　处世智慧：独到的做事准则决定了不一样的成事途径

力推车,他们当可自行决定。而就在他们几个人的瑟瑟发抖之中,规定没有违反,如厕的要求也满足了,不是两全其美吗?

所以,这则笑话只能表明:在通常情况下,犹太人有变通法律、从形式上遵守、同时又不真正改变自己原有活动目的的智慧和能力。

我们把这么一个抽象概括的道理同一则看似漫不经意地笑话扯在一起,并非牵强附会。"道在屎溺",笑话本是最有"道"之处。只要我们把笑话中的两难移进生意场上去,就会发现其中的妙处。

利昂·赫斯是美国犹太人中新出现的一个石油富豪,在美国的大富豪中位列第21名,控制着颇具规模的阿美拉达—赫斯石油公司将近22%的有表决权的股份,拥有的财产据计算在2亿至3亿美元之间。

在1981年之前,阿美拉达—赫斯石油公司一直使用国外进口的高价石油,同时享受着政府每年2亿美元的补贴。但从1981年起,美国政府取消了国内石油价格管制,国内石油与进口石油的巨大差价不复存在,价格补贴也就同时取消了。这么一来,赫斯也开始为自己进口的石油价格犯愁了。解决问题最简便的办法,就是向有关国家的官员行贿,争取优惠价。

这种做法是石油行业中司空见惯的,一些大石油公司也都走这条捷径,只是大都采用各种财会手法来掩盖诸如此类的付款,不让主管机构查实。

赫斯比他们都聪明,他选择了一种更为直接的方法:他在给股东们的信中告诉他们,"这一笔笔数额可观的款项只从我个人的基金中支付"。而且这笔基金本身也不作为业务开支在他个人应纳税款中扣除。

这就是说,赫斯是以个人的钱在为公司业务铺路。不仅如此,他还得为这笔铺路费缴纳个人所得税。美国政府对行贿的有关规定，是在企业法人行为层面上的规定，对于个人之间的馈赠是完全不适用的，更何况馈赠金本身的税额已经完全付清。这样一来，赫斯就干干净净地避免了涉嫌有争议的法人行为，更准确地说，行为本身仍然存在，但已不是法人行为，赫斯也没必要再把付款的去向向股东们说清楚了。不过，只要"馈赠"还在送出去，优惠价的原油就会流进来，公司就能挣大钱，赫斯个人的腰包就会随之鼓起来，他的个人基金也不会枯竭。最后，美国政府也可以一方面禁止行贿、一方面又分享行贿带来的利益，而股东也乐意让赫斯用他自己的钱为他们谋利益。

赫斯没有宣称政府有关规定无效，但却以自己的方式使它完全不适用了。他的这笔个人基金与德裔犹太人在寒夜中颤抖不已地推动车厢，不是有异曲同工之妙吗？

4　要想进一步就先退一步

一种方法不行就试试另一种，正着不行何妨反着来，犹太人的思维方式能给人以启迪。

有一所学校，每年都要举行一次智力竞赛。这一年，智力竞赛又拉开了序幕。报名参加比赛的有几百名学生，竞争非常激烈。终于，全校选出了6名最聪明的学生，大家都等着看哪一位能获得第一名。

中篇　处世智慧：独到的做事准则决定了不一样的成事途径

校长把参加决赛的6名选手带进了教学楼第一层，指着6间教室，又指指大门，说："我现在把你们分别关在6间教室，门外有人把守。我看你们谁有办法，只说一句话就能让门外的警卫把你放出去。不过有两个条件：一、不准硬闯出门；二、即便放出来，也不能让警卫跟着你。"校长说完，微微一笑："好了，孩子们，请吧！"

6位学生各自走进了一间教室，思考着如何用一句话就能让警卫叔叔放自己走出大门。然而，3个小时过去了，却没有一个人发出声响。正在这时，有个学生很惭愧地低声对警卫叔叔说："警卫叔叔，这场比赛太难了，我不想参加这场竞赛了，请您让我出去吧。"警卫听了，打开了房门，让他走了出来。看着这个临阵退缩的小家伙垂头丧气地走出了大门，警卫惋惜地摇摇头。然而走出大门的小家伙随即又回来了，他走到大厅里，对校长说："校长，您看，按您的要求，我办到了！"校长伸出手一把抱起了这个孩子，高兴地说："孩子，你是这次竞赛的胜出者！你是最最聪明的！"

这个学生显然是运用了一种巧妙的策略，以退为进，轻松地赢得了"最最聪明的孩子"的称号。在犹太人的生意经中，也不乏使用类似的手段。

有一家犹太人开的洗涤公司，它的A种品牌产品深受家庭主妇的欢迎。然而该公司很快就得知另一家公司生产的B种品牌的同类产品即将打入市场，而且B种品牌可能更具有竞争力。经过筹划，该公司做出这样一个决定，在B种品牌上市前，将A种品牌产品从各商家的货架上撤走。在B种品牌上市后，再将A种品牌产品全部摆上货架。

习惯于使用A种品牌产品的家庭主妇们忽然发现缺了一个好助手。

她们这才意识到，A种品牌的产品对她们是何等重要啊！在B种品牌上市时，家庭主妇们又惊喜地发现，自己想念已久的A种品牌又回来了，于是，B种品牌上市所做的那么多的努力也被她们给忘记了。

还有一个在求职时利用以退为进的策略取得成功的案例。一位留美的犹太计算机博士，毕业后在美国找工作，结果好多家公司都不录用他，思前想后，他决定收起所有证件，以一种"最低身份"再去求职。

不久，他被一家公司录用为程序输入员，这对他来说简直是"高射炮打蚊子"，但他仍干得一丝不苟。不久，老板发现他能看出程序中的错误，非一般的程序输入员可比，这时他亮出学士证，老板给他换了一个与大学毕业生对口的专业。

过了一段时间，老板发现他时常能提出许多独到的、有价值的建议，远比一般的大学生要高明。这时，他又亮出了硕士证，于是老板又提升了他。

又过了一段时间，老板觉得他还是与别人不一样，就对他"质询"，此时他才拿出博士证，老板对他的水平有了全面认识，毫不犹豫地重用了他。

以退为进、由低到高，这是犹太人开拓个人生存空间的一种艺术。

5　以小搏大有什么不可以

如果不从道德上讲的话，以大欺小似乎是合情合理的。但反过来思考，小可不可以欺大？犹太商人在经营中常有此类事情发生。

在纽约的一条街道上同时住着3家裁缝，手艺都不错。可是，因为住得太近了，生意上的竞争非常激烈。为了抢生意，他们都想挂出一块有吸引力的招牌来招徕顾客。

一天，一个裁缝在他的门前挂出一块招牌，上面写着这样一句话："纽约城里最好的裁缝！"

另一个裁缝看到了这块招牌，连忙也写了一块招牌，第二天挂了出来，招牌上写的是："全国最好的裁缝！"

第三个裁缝眼看着两位同行相继挂出了这么大气的广告招牌，抢走了大部分的生意，心里很是着急。这位裁缝为了招牌的事开始茶饭不思，一个说"纽约最好的裁缝"，另一个说"全国最好的裁缝"，他们都大到这份上了，我能说世界最好的裁缝吗？这是不是有点儿太虚假了？这时放学的儿子回来了，问明父亲发愁的原因后，告诉父亲不妨写上这样几个字。

第三天，第三个裁缝挂出了他的招牌，果然，这个裁缝从此生意兴隆。

招牌上写的是什么呢？原来第三块招牌上写的口气与前两者相比很小很小："本街最好的裁缝！"

"本街"最好，那就是这3家中最好的。你看，聪明的第三家裁缝没有再向大处夸自己的小店，而是运用了逆向思维，在选用广告词时选了在地域上比"全国"、"纽约"要小得多的"本街"一词。这个小小的"本街"却盖过了大大的"纽约"乃至大大的"全国"。

这只是一个小故事，犹太商人在经营实业中也常常用蛇吞象的办法，逐步扩展其经营领域和经营规模，以达到垄断地位。

犹太商人能不断创造发明各种实业组织形式，得益于他们擅长借资本的运行来经营企业的特点。19世纪时，罗斯柴尔德家族发展出国际性的金融组织——国际辛迪加；20世纪美国的犹太实业家发展出了投资银行；到20世纪60年代时，犹太实业家又在创造一种新的实业组织形式方面站到了前列，这种新实业组织就是联合大企业。

联合大企业是一种实现多种目的的控股公司，它由各种性质不同的利润中心构成，其主旨是对各中心加以协同。与传统的控股公司不同之处在于，联合大企业的主要目的，一是通过兼并和盘购，使被控公司原先闲置或使用不当的资产得到较为合理的利用，从而促进资本增殖；二是通过兼并和盘购，不断组成新企业，在证券市场上不断发行新股票，通过股票的出售和买卖来赢利。

这两点共同表明，在联合大企业的主要盈利中，只有一部分来自新产品、市场渗透、收入增长以及价格赢利率的提高等生产经营方面，更多部分还是来自证券市场上的股票交易。这种情况本身又意味着，联合大企业的兼并和盘购活动，在某种程度上都是采取先向投资银行借贷，等出售股票之后再以筹集到的资金来支付贷款，进而再盘购企业，再扩大联合企业的方式。显然，这种发展方式使一家小公司可以毫不费力地吞并一个大公司。而联合大企业本身的存在首先决定依赖于这个循环过程的不断持续。

这种新型实业组织形式是美国犹太金融家和实业家于20世纪60年代发明的。当时，美国经济正处于持续繁荣之中，证券市场极为活跃，而政府又采取相对来说较为宽松的政策，从而给犹太实业家们实践这种

"创造性资本经营的最高形式"创造了良好的条件和环境。

发明这一新型实业形式的是一批犹太投资银行,如特克斯特隆公司、莱曼兄弟公司、拉扎德·弗里尔斯公司、洛布·罗兹公司,以及戈德曼·萨克斯公司;而在建设联合大企业中,则是林—特科姆—沃特公司、利斯科数据程序设备公司、梅里特上查普曼和斯科特公司等一批犹太企业最为热情。其中梅里特—查普曼和斯科特公司被认为是第一个联合大企业,其经营者路易斯·沃尔夫森被视作联合大企业之父,虽然第一个想出这个点子的,是特克斯特隆公司的罗伊·利特尔。梅里特—查普曼和斯科特公司鼎盛时,业务包罗了造船、建筑、化工和发放贷款等方面,其销售总额最高达到 5 亿美元左右。在此期间,沃尔夫森属于全美国薪水最高的经理之一,完税前的收入为一年 50 万美元以上。

在 20 世纪 60 年代,联合大企业以其连续滚动的蛇吞象发展形势大行其道,许多地位稳定的老企业,即使没有被接管,也惶惶不安,大有兵临城下之危机感。

6 利用规则也可以运用逆向思维

逆向思维首先要确定或设定一个可以达到的目标,然后从目标倒过来往回想,直至你现在所处的位置,弄清楚一路上要跨越的关口或障碍以及是谁把守着这些关口。记着把这一切都记下来。详细写出计划是整个过程中重要的一环。

要想让门卫同意你通过，你必须找出促使他们开门放行的原因。最佳办法就是直接去问，征求他们的建议和看法，也可向经常与他们打交道的人咨询。

20世纪60年代中期，当时在福特一个分公司任副总经理的艾科卡正在寻求方法，改善公司业绩。他认定，达到该目的的关键在于推出一款设计大胆、能引起大众广泛兴趣的新型小轿车。在确定了最终决定成败的人就是顾客之后，他便开始绘制战略蓝图。以下是艾科卡如何从顾客着手，反向推回到设计一种新车的步骤：

顾客买车的唯一途径是试车。要让潜在的顾客试车，就必须把车放进汽车交易商的展室中。吸引交易商的办法是对新车进行大规模、富有吸引力的商业推广，使交易商本人对新车型热情高涨。说得实际点，必须在营销活动开始前生产出轿车，送进交易商的展车室。

为达到这一目的，艾科卡需要得到公司市场营销和生产部门100%的支持。同时，他也意识到生产汽车模型所需的厂商、人力、设备及原材料都得由公司的高级行政人员来决定。艾科卡把为了达到目标必须征求同意的人员名单完整地确定之后，就将整个过程倒过来，从后向前推进。几个月后，艾科卡的新型车"野马"轿车从流水线上生产出来，并在60年代风行一时。"野马"的成功也使艾科卡在福特公司一跃成为整个轿车和卡车集团的副总裁。

犹太商人在不改变规则的形式的前提下，却可以变通规则为其所用，这一谋略的登峰造极之举，也许就是"倒用规则"。其基本思路蕴含在这样一个笑话之中。

中篇　处世智慧：独到的做事准则决定了不一样的成事途径

一个犹太人走进纽约的一家银行，来到贷款部，大大咧咧地坐了下来。

"请问我能帮上什么忙吗？"贷款部经理一边问，一边打量着来人的穿着：豪华的西服、高级皮鞋、昂贵的手表，还有领带夹子。

"我想借些钱。"

"好啊，您要借多少？"

"1美元。"

"只需要1美元？"

"不错，只借1美元。可以吗？"

"当然可以，只要有担保，再多点儿也无妨。"

"好吧，这些担保可以吗？"

犹太人说着，从豪华的皮包里取出一堆股票、国债等，放在经理的写字台上。

"总共50万美元，够了吧？"

"当然，当然！不过，您真的只要借1美元吗？"

"是的。"说着，犹太人接过了1美元。

"年息为6%。只要您付出6%的利息，一年后归还，我们就可以把这些股票还给您。"

"谢谢。"

说完，犹太人就准备离开银行。

银行行长一直在旁边冷眼观看，怎么也弄不明白，拥有50万美元的人，怎么会来银行借1美元。他匆匆忙忙地赶上前去，对犹太人说："啊，这位先生……"

"有什么事情吗?"

"我实在弄不清楚,您拥有50万美元,为什么只借1美元呢?要是您想借三四十万美元的话,我们也会很乐意的……"

"请不必为我操心。只是我来贵行之前,问过好几家金库,他们保险箱的租金都很昂贵。所以嘛,我就准备在贵行寄存这些股票。租金实在太便宜了,一年只需花6美分。"

这是一则笑话,一则只有精明人才想得出来的关于精明人的笑话,这样的精明,一般人想学也学不到,因为单单是盘算上的精明,是远远不够的,还必须有思路上的精明。

按常理,贵重物品应存放在金库的保险箱里,对许多人来说,这是唯一的选择。但犹太商人没有囿于常情常理,而是另辟蹊径,找到让证券锁进银行保险箱的办法。从可靠、保险的角度来看,两者确实是没有多大区别的,除了收费不同之外。而且这可能比存保险箱更保险,因为保险箱也可能被别人盗走,或者被别人知悉密码,而放到银行保险箱是绝对安全的,而且出问题的话,还有银行来负责。

其实规则虽然不能变,但是妙用规则、巧用规则确实能够大大地帮助我们。

不过至此,犹太商人的思考方式还只是"横向思维",怎样把证券弄进银行保险箱里去,让他们代管而几乎不付钱才真正用上了"逆向思维"。

通常情况下,人们之所以进行抵押,大多是为借款,并总是希望以尽可能少的抵押物争取尽可能多的借款。而银行为了保证贷款的安全或有利,从不允许借款额接近抵押物的实际价值。所以,一般只有关于借款额上限的规定，其下限根本不用规定，因为这是借款者自己就会管好的问题。

然而，就是这个银行"委托"借款者自己管理的细节，激发了犹太人的"逆向思维"：犹太人是为抵押而借款的，借款利息是他不得不付出的"保管费"，既然现在对借款额下限没有明确的规定，犹太商人当然可以只借 1 美元，从而将"保管费"降低至 6 美分的水平。

通过这种方式，银行在 1 美元借款上几乎无利可图，而原先可由利息或罚没抵押物上获得的抵押物保管费也只有区区 6 美分，银行实际上是在为犹太商人义务服务，且责任重大。

这个故事本身当然只是个笑话，但拥有 50 万美元资产的犹太商人在寄存保管费上精打细算的做法，决不是笑话，借"逆向思维"倒用规则的这套思路，更不是笑话，20 世纪 70 年代初，日本政府就尝到了上述银行行长的那股滋味。

1968 年前后，因为日本经济正处于高速发展的时期，而且出现大量的外贸顺差，日元在西方金融市场上日益坚挺而美元则日显疲软。美元与日元的比值出现重大变化的契机越来越近了。日本的外汇储备即美元储备越来越多，就是重要迹象之一。

1970 年 8 月，日本的外汇储备才达 35 亿美元，这是日本全体国民战后 25 年中辛勤工作的积蓄。可是，从该年 10 月份起，外汇储备开始成亿成亿地向上攀升。先是每月 2 亿，继之 12 月份出现 4 亿美元的盈余，1971 年 3 月出现 6 亿盈余，5 月结余 12 亿，8 月甚至结余 46 亿。单 8 月份一个月的外汇积累就比战后 25 年的积累还多！

于是，在一年的时间里，日本的外汇储备由 35 亿猛增到 129 亿，最后达到150亿美元。

对此,虽然有些人也感到有些出乎意料,但是日本政界、新闻界,还有商界中的大多数人,陶醉于良好的自我感觉中,光往好的方面想:"这是日本人勤劳节俭的象征,积攒下这么多的外汇,全是因为日本人的勤奋工作。"

然而,犹太商人却在不停地调集一切资金,抓紧时机向日本大量抛售美元。他们知道,日元的升值是迟早的事情,只要日本的外汇储备超出100亿美元的大关,这个时刻便会来临。美元—日元汇率如此大幅度的变化,绝对是一个发大财的机会。因此,有些犹太商人甚至向银行贷款来向日本抛售美元,他们预测,即使支付银行10%的利率仍然大有钱赚。

反应迟钝的日本政府对于犹太商人的动作却视之如无物,一直弄不明白是怎么回事,国会只知道辩论这些流入日本的外汇会不会对日本经济造成危害,有些议员还似乎理直气壮地说道:"外国人搞投资,绝对赚不了钱,即使赚了钱也要纳税。"他们不知道,虽然犹太商人对缴税素来认真,但身在海外,他们也只好趁着机会,"没有办法"向日本政府纳税。

不过,也不能说日本政治家的如意算盘完全打错了。想在外汇市场上搞买空卖空式的投机是不可能的,因为日本有严格的外汇管理制度。但是,他们没有想到,从他们眼里看上去如此严密的外汇管理制度,在犹太人看来却有一个大漏洞,这就是当时的《外汇预付制度》。

在战后特别需要外汇时期,日本政府颁布了《外汇预付制度》。根据此项条例,对于已签订出口合同的厂商,政府提前支付外汇以资鼓励;

同时，该条例中还有一条规定，即解除合同是被允许的。

通过综合利用外汇预付和解除合同这一手段，犹太商人就堂而皇之地将美元卖进了实行封锁的日本外汇市场。他们采取的办法是：犹太商人先与日本出口商签订贸易合同，充分利用外汇预付款的规定，将美元折算成日元付给日本商人。这时，犹太商人还谈不上赚钱。然后等待时机，等到日元升值的时候，再通过解除合同的方式，让日本商人再把日元折算成美元还给他们。这一进一出两次折算，利用了日元升值的差价，便可以稳赚大钱。

直到外汇储备达到129亿美元时，日本政府才如梦方醒，意识到有可能中了诡计。到8月31日才宣布停止"外汇预付"，不过，还留了一个尾巴，允许每天成交1万美元。此时，犹太商人手中的流动资金差不多利用殆尽了。

最后，当外汇储备达到150亿美元时，日本政府不得不宣布日元升值，由360日元兑换1美元，提高到308日元兑换1美元。

这意味着，犹太人向日本每卖出买进1美元，就可以毫不费力地赚取52日元，盈利率大大超过10%，几乎达到17%。犹太商人事先的估计没有丝毫偏差。

据事后粗略估计，日本政府的损失高达4500亿日元，平均每个国民要承担差不多5000日元，其总值和日本烟草专卖公司一年的销售额相差无几。其中大部分是被犹太商人赚去的，诚如日本商人所言，能如此大规模地在世界范围内调动资金的，唯有犹太商人。

从这则"日本人蚀本"的实例中，我们很容易看出犹太商人的经营思路基本上与上述笑话中的情形是一致的。犹太商人的成功恰恰得益于"倒用"了日本的规则,将日本政府为促进贸易而允许预付款和解除合同的规定,倒转为争取预付外汇和解除合同来完成一笔纯属虚假的交易。日本政府由于缺乏"倒用规则"的意识和思路,对犹太商人客观上也就是形式上绝对合法地赚去了它主观上绝对不会认可为合法利润的行为,显得无可奈何。

逆向思维的一个基本要素就是分出阶段重点。这样,你不得不将长远目标和近期目标清楚地区分开来,然后再将逆向思维分别应用到每一个目标中去。

举例来说,如果你说40岁想成为首席行政总监,这是不够的。这个目标太过遥远,逆向思维不能得以有效地发挥。你必须瞄准所要取得的具体成绩,这些成绩才是助你步入高层的高明战术。你想为自己树立怎样的声誉?想对公司成本行业做何种改变?在前进道路上,你想拥有哪些特别的工作经验?你想在哪里工作,与哪些人共事?以上这些问题的回答为逆向思维提供了十分具体的目标。在考虑上述问题的同时,要将长远目标分成一系列明确的目标。目标越集中,逆向思维越奏效,为达到目标所需要征得同意的人就越少,整个过程花费的时间就会越短。

从这里我们也不难发现,犹太人作为一个极为理性、极为务实的民族,有关其经商的笑话实在都是一条条的"生意经",都是对一切愿意经商的人的一种专业熏陶。

第三章

在双赢中赢取更大的成功

取和予是一个辩证的矛盾体,一味索取未必能得到更多,知道在予的过程中取所应取,反倒能够得到想要的东西。犹太人做人、做事、做生意都深得其中真味,他们总是力图把形势引向一个双赢的局面之中,因此,他们也总能成为获胜的一方。

1 把双赢作为长富之道

犹太商人不是以"一锤子买卖"出名的,"只要每个人上我一次当,我就可以发大财了。"这种发财秘诀绝对不是犹太商人的生意经。

按理说,像犹太人这样被人不断驱逐、朝不保夕的民族,应该在生意场上形成一种与此相对应的"干一把换一个地方"的短期策略和流寇战术。然而,犹太商人不但绝少有这类劣迹,相反,他们的信誉卓著,所经营的也都属质量上乘的商品。究其原因,除犹太商人的文化背景,如素以"上帝的选民"自居，不屑于做"一次性"买卖，有重信守信的习惯等等之外，更有可能是在结合民族流动不居的生存状态与商业活动的规律之后，他们悟出了什么是真正的经商之道。

犹太商人一直处在众人的注视之下，而且是那种四邻不太友好的眼光。演进到今日，他们深深体会到"竭泽而渔"的害处：不是某种鱼类的绝种，而是干脆被大鱼拖入水中，甚至被旁观的人推入水中喂鱼！在历史上，犹太社群的精神领袖——拉比就曾一再告诫同胞，不要播种仇恨。从这样一种生存大策略上升华出的经营原则，让生意经涉及的方方面面都各得其所：犹太商人、顾客、职工乃至整个社会都可以从犹太商人的经营活动中获利。

在英国，"马克斯和斯宾塞百货公司"是最有名的百货公司。这家百货公司是由一对姻亲兄弟，西蒙·马克斯和以色列·西夫创立的。

1882年，西蒙的父亲米歇尔从俄国移居英国。最初是个小贩，后来在利兹市场上开了个铺子，以后发展为连锁廉价商店。米歇尔于1964年去世后，西蒙和西夫将这些连锁商店进一步发展成连锁廉价购物商场，使其资金更加雄厚，货物更加齐全，具有类似超级市场的功能。

马克斯和斯宾塞百货公司虽以廉价为特色，但也非常注重质量，真正做到了"价廉物美"。用一些报纸上的话来说，这家百货公司等于引起了一场社会革命，因为原先从人们的衣服穿着上可以区分不同的社会阶层，但由于马克斯和斯宾塞百货公司以低廉的价格提供制作考究的服装，使得人们花钱不多就可以穿得像个绅士或淑女，以貌取人的价值观念也随之发生了根本动摇。现在，在英国，该公司的商标"圣米歇尔"成了一种优质品的标记，人们已达成共识，一件"圣米歇尔"牌衬衫是以尽可能低的价格所能买到的最优质的商品。

不但为顾客提供满意的商品,马克斯和斯宾塞百货公司还提供最好的服务。在素以彬彬有礼闻名的英国,该公司的售货员礼貌服务之周到也称得上是一个典范。西蒙和西夫就像挑选所经营的商品一样,挑选他们的职员,一丝不苟,真正使公司成了"购物者的天堂"。

在让顾客满意的同时,西蒙和西夫还做到了让职工也满意。他们对职工要求极高,但为职工提供的工作条件在全行业中也属于最好之列,职工的工资也最高,还专门为职工设立保健和牙病防治所。由于提供了上述优越条件,马克斯和斯宾塞百货公司被人称为"一个私立的福利国家"。只是西蒙和西夫没有像蒙德那样,允许职工将工作岗位传给子女。西蒙和西夫为顾客和职工想得这么周到,公司的经营情况又如何呢?马克斯和斯宾塞百货公司被公认为国内同行业中最有效率的企业,大量的投资者纷纷慕名而来。

美国"希尔斯·罗巴克百货公司"与马克斯和斯宾塞百货公司同为百货零售企业,也是采取了同样的经营宗旨,甚至在对待顾客和职工的优惠方面做得更好,并将这种恩泽施向整个社会,做到了与整个社会和谐共存。

朱利叶斯·罗森沃尔德能担任希尔斯·罗巴克公司的总裁,是通过投资得来的。他是一个德国移民的儿子,曾在叔叔的百货公司工作。在希尔斯·罗巴克公司融资的时候,他以37500美元的投资约占融资总额的1/4,进入公司董事会。1910年,公司总裁也就是公司的创立人理查德·希尔斯退休,罗森沃尔德接替了他的职位。到1932年他去世时,希尔斯·罗巴克百货公司已成为美国最大的企业之一,每年有5亿美元的收益流入该企业。

价廉物美也同样被罗森沃尔德奉为其经营宗旨。公司销售的商品有许多都是企业集团自行生产的,因此成本可以降低,而质量也得到了保证。但罗森沃尔德制定的一条规定,才是希尔斯·罗巴克百货公司的真正本钱。规定是这样的:不满意可以退货。这是商业最高道德的最实在的体现,现在许多商店也在标榜这个规定,但这在当时是闻所未闻的。将商业信誉提到这样的高度,罗森沃尔德很可能是第一人。

凭借着商品的质量、价格、信誉,还有对市场的精确预测,希尔斯·罗巴克百货公司得到了消费者的广泛欢迎。公司的商品目录在罗森沃尔德逝世前已发行了4000万册,几乎每个美国家庭中都可以见到。观察家认为,这一连续出版的商品目录几乎构成了美国的一部社会史,从中可以探视到美国人审美情趣和愿望的发展,而这种发展中有相当一部分是由希尔斯·罗巴克公司预测到,甚至造就的。

在创办职工福利方面,罗森沃尔德也同样富有开拓精神。希尔斯·罗巴克百货公司为职工提供的福利设施和待遇多种多样,比如设立保健和牙病诊治所、疾病和死亡救济抚恤金、疗养中心,甚至还对长期为公司服务的职员给予利润分成。所有这一切使公司职员获得了一种在当时其他企业中不可能获得的安定感。就这一点来说,在美国商业界中,罗森沃尔德又走在了前列。在其他企业中,很难见到公司职工对公司的那种持久的忠实。

希尔斯·罗巴克百货公司经营业绩优秀,盈利丰厚,罗森沃尔德最初只投资了37500美元,30年后其资产达到了1.5亿美元。在这样的财力支持下,罗森沃尔德广泛从事慈善事业,他曾为28个城市的"基督教青年联合会"和英国南方的一些贫困地区建立乡村学校提供资助，为解决芝加哥黑人的住房问题出资270万美元。另外，他还分别为芝加哥大学、芝加哥科学和工业博物馆捐赠500万美元。1917年，他创立了拥有3000万美元基金的"朱利叶斯·罗森沃尔德基金会"，并规定，在他去世之后的25年内必须用完基金的本利。

罗森沃尔德有一条最明确的信条：犹太人在哪里生活，就应在哪里生根。就其本人而言，他不光实践了这一信条，甚至可以说是有过之而无不及：他的生意"摊子"不但做大了，而且做长了，并且有越来越好的势头。这不但是个人在商场上的胜利，更体现了自我的社会价值。罗森沃尔德已经以自己昌盛的实业荫庇了相当一部分犹太人和非犹太人。

2　追求权力与义务的统一

探讨犹太人的文化，可以发现犹太人是一个追求权利、义务相统一的民族。

在权利和义务之间，是没有什么"本位"之争的，如同男人与女人之间无须争论何为本位一样。因为权利和义务是一个铜币的两面，多一分权利就相应地多了一分义务，多一分义务就相应地多了一分权利，因此权利与义务在总量上是对等的。存在"本位"之争的应是权利和权力之间的关系，这是另外一个话题。

犹太人十分看重自己的权利，简直到了锱铢必较的地步。有这样一个故事：一个旅行者的汽车在一个偏僻的小村庄抛了锚，他自己修不好，有村民建议旅行者找村里的白铁匠看看，白铁匠是个犹太人，他打开发动机护盖，朝里看一眼，用小榔头朝发动机敲了几下，汽车开动了！"共30元。"白铁匠不动声色地说。"仅仅敲几下就这么贵！"旅行者惊讶之极。"敲几下，只要1元；但是知道敲到哪儿，需要29元，合计30元。"由此可见犹太人的权利意识之浓厚。在长期的商场磨炼中，犹太人精于计算，是为了锱铢必较，他们不像大多数东方人一样，羞于"斤斤计较"。他们认为，该攫取的利润决不放手。他们既能计较得清，又能迅速地计算出结果。把两者结合起来，是犹太人的过人之处，也是他们善于做生意的诀窍之一。

犹太人珍惜权利，同样也看重义务。《犹太法典》说："原以为一定会有人带蜡烛进去，可是一走进房间里，发觉整个房间都是黑漆漆的，没有半个人拿着蜡烛。其实只要每个人都拿一根小蜡烛进去，这个房间就会像白天那般的明亮。"因此，犹太教是坚决反对犹太人放弃自己的责任、义务的。古代的拉比们说过："好事可以分享，自己的责任一定要自己负。"因为不管是把事情推给别人，还是归咎于环境，自己的责任仍然存在而无法消失，所以犹太人不会把义务推给别人。他们认为放弃自己的责任是上帝不能宽恕的事情，人永远无法逃避责任。自瞒自欺易，但欺人欺世难。因此，自己的责任一定要自己负。

有一个犹太人，接到美国芝加哥一个公司两万个玩具的订货单，双方商定的交货日期是7月1日。这个商人必须在6月1日从本港运出货物，才能在7月1日如期交货。但由于碰上意外的事故，商人没能在6

月 1 日赶制出两万个玩具。这位犹太商人陷入困境，但他丝毫没有想到要给对方写封情真意切的信，请求延期交货并表示歉意，因为这本身就是违背契约的，不符合犹太商法，并且也是逃避责任的做法。结果，这位犹太商人花巨资租用飞机送货，两万个玩具如期交货了，可这位犹太商人损失了 1 万元。

犹太人认为，灵魂的纯正是最大的美德，人的灵魂变肮脏了，人也就完蛋了。所以，犹太人虽无止境地追求财富，但他们认为，应靠头脑和双手光明正大地获得财富。在他们心中，贪占不义之财就会受到神的惩罚。《犹太法典》中有这样一个故事：有位拉比以砍柴为生，经常把砍好的木柴从山上运往城里卖。为了缩短往返的路程，以便节省时间用来研读《犹太法典》，拉比决定购买一头驴子帮忙驮货。于是，拉比向城里的阿拉伯人买了一头驴子。有了驴子之后，拉比便可加快行程往返于村子和城镇之间，弟子为此感到高兴，用河水来帮忙洗刷驴身。就在此刻，驴子颈项间突然掉落一颗钻石。弟子们庆幸地说，这下拉比可以脱离贫苦的砍柴生活，拥有更多的时间来教导我们了。可是，拉比却命令弟子立即返回城里，将钻石归还阿拉伯商人。他告诉弟子："我买了驴子，但是不曾买过钻石。我只取自己应得之物，这才是正当的行为。"他还告诉那位阿拉伯商人："根据犹太人传统，我们只能获取所买之物。钻石并非我所购买的东西，因此特地送来归还给你。"

善于享用权利，乐于履行义务，这是犹太人的文化性格，是犹太人得以和睦相处的重要原因。

3　信奉"取之于社会，用之于社会"的人生哲学

在致力于慈善事业时，有没有必要把犹太人与非犹太人区分开来？这是一个令犹太教拉比十分为难的哲学或者神学问题。

从《圣经》中的记载来看，对于有关"福利待遇"的规定，上帝是把以色列人和外邦人区别对待的。比如在谈到安息年豁免债务时，上帝就说，凡以色列人所欠的债务都要豁免，不可追讨；但借给外邦人的，就允许追讨。还有，同样卖身为奴的，以色列人可以在禧年自然获得救赎；而外邦人则永远不能翻身，只能永远为奴。

不过，在另外一些方面，外邦人也可以享受同样的待遇。比如安息日的休息，外邦人就一样有份儿。而且，在以色列人是一种宗教义务，而在外邦人则纯粹就是休息。再有，外邦人可以分享安息年地里自生自长的物产。

上帝如此加以规定，是有他自己的理由的。当初上帝造人之时，就只造了一个亚当。连夏娃都是用亚当的肋骨造的，是什么意图呢？

犹太人给的答案是：上帝的用意在于让人知道，每个人说到最后都是同宗同源的，人生下来之时，并没有先天的优劣。基于这样的认识，即使古时候犹太人也使用奴隶，但没有视奴隶为"会说话的牲口"之类的观念。《圣经》中上帝也多次告诫以色列人对寄居在他们中的外邦人一定要友好，因为以色列人也曾在埃及寄居过，要将心比心。

犹太人，尤其是犹太商人的普世主义慈善传统，就是从这一源头流传下来并形成的。

中篇　处世智慧：独到的做事准则决定了不一样的成事途径

今天，在任何一个有较大的犹太共同体的城市里，人们都能够找到以这种或那种形式得益于犹太人的慈善事业，从无数的医院、诊所、图书馆、音乐厅以及其他以犹太人名字命名的福利和文化设施中，都可以看到这种恩惠。甚至在英国的牛津和剑桥这两所世界著名的大学里，也各有一个"伊沙克·沃夫森学院"。十分明显，这是一个犹太人的名字。在此之前，有资格用来命名这两所英国最高学府的学院，只有一个人的名字，他就是耶稣基督，不过好在他也是一个犹太人。

被赞誉为"当代最慷慨的慈善家之一"的伊沙克·沃夫森，本是个土生土长的苏格兰犹太人，自1946年起担任英国"大宇宙百货公司"的总裁。"大宇宙百货公司"是英国最大的百货公司，是一个庞大的商业王国，它拥有约3千家零售商店，同时涉及银行业、保险业、房地产业以及水陆运输业。

沃夫森在1955年设立了以自己名字命名的基金会，在随后的20年时间里，他为各个方面提供了4500万美元的经济资助，其中主要是教育机构。许多大学和学院都为此向他颁发了荣誉学位证书，而牛津和剑桥则更是对沃夫森的特别关照给予了回报，即"伊沙克·沃夫森学院"。

沃夫森经常津津乐道地对人讲述这样一个故事。

曾经有个人向沃夫森打听："有个叫沃夫森的家伙，既是皇家外科医师学会会员和皇家内科医师学会会员，又是牛津大学的教会法规博士和剑桥大学的法学博士，而且还是这所大学的这个博士、那所大学的那个博士，不知他到底是干什么的？"

"他是个写东西的。"

"写东西？他写了些什么？"

"支票。"

因为他本人是个非常正统的犹太教徒,所以沃夫森的慷慨最能反映犹太商人的普世主义胸怀。他每天起床后和临睡前都要做祷告,在遇到好奇的来访者时,还常常偷偷地给他们看他穿在衬衫里面的犹太教礼拜服。在安息日或其他犹太教节日,他都遵守犹太律法,待在家里不出门,并始终居住在一所犹太教会堂的近旁。当他们夫妇俩应女王之邀到温莎堡做客时,女王用完全合乎犹太教饮食律法的食物招待他们。沃夫森并不想因为取悦上流社会而使人们忘记他的犹太人身份,相反,他经常说,他只是犹太人中很普通的一员,并希望成为像他父亲那样的一个"仁和宽厚、单纯、非常正统而又平常的犹太人"。

虽然沃夫森从事慈善事业时慷慨大度,可在做生意时他却从不心慈手软。他承认商业经营在慈善事业中有一席之地,但坚信慈善在商业经营中没有立足之地。他是个自由竞争的信奉者,并始终坚信,一旦一个生意人想要发慈悲,那么他就不应该再做生意人,他也不是生意人了。

所以,通过沃夫森的例子,我们可以明显地看出,犹太商人明确地把商业经营和慈善事业划入两个截然不同的范畴或层面。经商就得按经济规律行事,但经商之余,处世时就不能仍用生意眼光,而需要履行相应的社会责任,或用犹太人自己的话来说,履行"公义"的要求。他之所以既有能力也有愿望为一切人,不管犹太人还是非犹太人尽一份"公义",正是因为这种商人理性与社会意识的牢固结合又不互相串位。

4 向有困难的人伸出援助之手

犹太商人的社会意识,在世界各国的商人中可以说是最为突出的。犹太商人至少是最能以捐赠钱财的形式来履行社会责任的商人。我们前面谈到过的犹太大商人差不多都有巨额捐赠的历史。

作为加拿大犹太共同体的"俗界"领导人施格兰王国的山姆·布朗夫曼,第二次世界大战前曾"奋不顾身"地解救欧洲犹太难民。大战后,为支持巴勒斯坦犹太人的武装运动,他又运去了一批武器。他们整个家族一年通常要拿出150万美元捐献给慈善事业。

埃特蒙·罗斯柴尔德曾为巴勒斯坦犹太移民区花费了1000万英镑。

修建土耳其东方铁路的莫里茨·赫希男爵曾向犹太殖民委员会捐助1亿美元,以求造就一种新型的犹太人。

南非钻石商巴奈·巴纳特为医院、孤儿院提供捐赠,资助建造了约翰内斯堡犹太教会堂。

在旧中国,上海犹太富商维克多·沙逊为避难于上海的犹太难民一次捐款15万美元。

而像雅各布·希夫和伦敦罗斯柴尔德这样的犹太共同体领袖,他们在各方面有形无形的捐赠资助,就无法计量了。

犹太商人普遍都具有的这种慷慨心态,同犹太民族本身的文化机制有很大的关系。在世界各国中,犹太民族可以说历史最悠久、以最系统的方式、最连贯地坚持着这样一套安排:《圣经》中就明确约定,以色列人必须将收入的1/10作为向上帝的献祭,其中包括供养祭司阶层、用做宗教礼仪的，也包括由族人分享的。

在犹太人中，除了几种为数极少的豁免资格之外，几乎所有人都必须捐献 1/10 的收入，就是贫穷的受施者也不能例外。

除此之外，还有诸如留田地上 1/10 的庄稼不要收割，收割时故意遗落一些，以供别人拾取，以及安息年与禧年的制度性安排。在安息年（7 年一次）犹太人不耕作，也不管理葡萄园、橄榄园，任凭地里的东西自生自长，供人拾取。禧年为 50 年一轮，除了同样休耕之外，以色列人互相所欠的债务也都取消，卖身为奴的自动解放。

在所有这样的安排中，都贯穿着一条明确的原则，即主要是有钱人向穷人尽"公共义务"。用《圣经》中上帝的话来说，就是："原来那地上的穷人永不断绝，所以我吩咐你说：总要向你地上困苦穷乏的弟兄松开手（《申命记》）。"当然，犹太人的慈善事业对穷人本身并不是没有要求的。

无论什么地方，哪里有一个完整的犹太社群，哪里肯定就有自己的教堂，教堂中也肯定有一个犹太人称为"司幕"的救济员，以解决犹太人一般的日常需要问题。奇怪的是，犹太商人大量地捐款给自己的社群，在援助其他社群时也很慷慨。在他们外出经商时，不管走到哪里，只要那里有犹太社群，他们就会受到该集体的热情款待。如果他们的船只遇险，附近犹太社群就会主动帮助他们脱险；要是他们不幸落入海盗之手，那么附近的社群还会花钱将他们赎回来。在中世纪时，海边的犹太社群为赎还被掳犹太人一般都设立了专门的基金。

全球 2600 多万犹太人，虽非个个都是富翁，但是至少不会沦落街头、靠乞讨为生的地步。只要是犹太人，哪怕身无分文来到异国他乡，如果当地有犹太人组织，一旦你找到他们，吃饭与住宿问题就会立刻得到解决。当然，犹太人组织不是永远提供慈善服务的机构。永远提供免费吃喝，再多的钱也支撑不起，也不符合犹太人精于理财的传统。犹太人的精明之处在于，他们很快就会找到一个愿意帮助落难者的犹太商人。该商人怎么帮助自己的同胞呢？他的方法很妙，假如这是一个鞋商，他就对落难的同胞说，我这鞋店目前只在西边发展，在这座城市的东面还想设一家分店。你就到东面去开分店吧，我借钱给你去租店铺，货我也先提供给你，等你卖掉了鞋、赚到了钱再连本带利还给我。你站住脚应该没问题，我会帮你站住脚，我就是你的长期供货商。

这种帮助人的方法是精明的，也只有犹太人能将它作为一个传统而长期坚持不懈。一鸡三吃，是犹太民族的基本技能，即使在帮助落难同胞时，他们也会动脑筋想出办法，做到既帮助了同胞，又帮助了自己。这样的犹太人就不但帮助了落难者自立，同时又扩张了自己的生意。正因为这种帮助人的方式对提供帮助者本身是有利的，因此这种慈善行为才能长期持久地延续下来。

犹太民族主要借助富人的钱，绝大多数情况下也就是商人的钱。流散的犹太人通过这样一套安排被有机地联结起来。尤其重要的是，在每个犹太人，尤其是有钱的大商人头脑中有一个根本的观念已经根深蒂固了：慈善即公义。这使他们自觉地把捐赠作为协同整个民族乃至整个世界的一项机制。

5　雇主与雇员之间也要力争双赢

犹太商人认为,作为一个资本雄厚的大商人,即使仅仅把员工看作是自己的赚钱机器,也应该明智地去主动养护好他们。

犹太商人在现代经济社会有一个重要贡献,那就是在劳资关系的问题方面也做出了开拓性的甚至革命性的作为。

在犹太实业家中,路德维希·蒙德是不多见的一个,他不是靠金融技巧,而是完全靠自己的专业知识从事实业的。1881年,在吞并附近一家和他竞争的企业之后,蒙德和他的主要合伙人约翰·布隆内尔一起,把他们的工厂扩大为"布隆内尔蒙德公司"。当时拥有名义资产60万英镑,短短几年之后,布隆内尔蒙德公司成了全世界最大的生产碱的化工企业。

布隆内尔蒙德公司在生产碱的化学工艺上取得了重大突破,但世人认为,更有革命性意义的是该公司在改善劳资关系方面的建树。在英国,他们最早给予工人每年一周假期,休假期间工资照发,只是有个条件,就是工人必须好好工作。实际上有42%的工人获得了这种休假。这说明要达到他们的条件有一定难度,但也绝不是可望而不可即。

1889年,布隆内尔蒙德公司又做出了一项重大决定,每天8小时工作时间的工作制度由他们最先采用。在当时的英国,工厂中普遍实行一天12小时工作制,工人一周要工作84小时。所以,蒙德他们的决定被称为"令人惊讶的变革"。后来的事实证明,因为工人的积极性极为高涨,他们每天8小时内完成的工作量和原来12小时的一样多。这种

中篇　处世智慧：独到的做事准则决定了不一样的成事途径

两全其美的效果，可以说正是最善于从人与物两个角度来考虑问题并使之达到和谐一致的犹太商人所着意追求的。

这时，工厂周围居民的态度也发生了根本性的转变，原本怨恨蒙德破坏了乡村的宁静而拒绝为他工作的劳动者，现在成群地争着进他的工厂做工。在布隆内尔蒙德公司所属的工厂里做工，可获得终生保障，而且在父亲退休之后，可将他的工作传给儿子，像家庭遗产一样。

蒙德此时已经非常富有、非常成功，各种荣誉犹如雪片一样纷纷降临到他头上。他从事化学研究生涯的摇篮——德国海德堡大学授予他名誉博士学位；牛津大学和曼彻斯特大学分别授予他文学博士学位和科学博士学位；他担任了"化学工业协会"主席，成为"英国皇家学会"、"普鲁士科学院"和"那不勒斯皇家学会"的成员，而且还获得了意大利当局颁发的荣誉勋章。但与日后在他儿子的工厂发生严重爆炸时，英国公众所持的宽容态度相比，所有这一切荣誉都几乎不足挂齿了。

1909年，蒙德故世，弥留之际还不忘把自己收藏的大部分名画捐赠给了国家美术馆。他的二儿子阿尔弗雷德·蒙德接替他担任布隆内尔蒙德公司的总裁，此时的公司已经成为全世界最大的化学公司之一，拥有生产煤气和镍等产品的众多工厂。

第一次世界大战爆发以后，按照政府的命令，位于伦敦东区的布隆内尔蒙德公司的一家生产碳酸氢钠的工厂转产炸药。该工厂位于人口稠密的地区，公司曾经告诫政府，这样的安排有可能产生严重的后果。果然，1917年，这家工厂发生了爆炸，炸死40人，炸伤数百人，并使大约2000人无家可归。即使这样严重的事件也几乎没使阿尔弗雷德受到什么谴责，而且当时还有这样的背景，即大战期间英国又曾出现过一次空前绝后的反犹浪潮，虽然日后政坛上有些人仍借此大做文章，但同犹太人历史上常常无故成为替罪羊的惨痛事例相对照，英国公众的这种宽容，其反差之强烈令人难以置信。

像蒙德这样主动改善劳资关系的犹太商人绝不止一个，美国联合商标公司的伊利·布莱克，也是一个改善国际劳资关系的犹太企业家。

联合商标公司的组建，发生在布莱克原有公司收购联合果品公司之后。原联合果品公司在中美洲有个绰号，叫做"人足章鱼"，其凶残霸道之态可见一斑。该公司长期支配着中美洲一些国家的政治和经济，就像一些大煤矿经营城镇一样，它经营着这些国家。当一国政府不再对它有用时，它就会拿政府做交易，换一批人执政。在经营活动中，它独断专行，完全不考虑公司里农民和职工的利益。

布莱克接管联合果品公司之后，进行了大刀阔斧的改革。他提高农民和职工的工资，给单身职工提供宿舍，还建造住宅并以低于成本的价格出售给雇员。先于其他大农业企业，他承认农业工人的工会，还出版文化刊物。在洪都拉斯遭受飓风灾害后，他将各种救援物资运送到那里进行救灾，他在危地马拉造了一所医疗中心，在哥斯达黎加发起过一次预防小儿麻痹症的运动。所有这一切使得联合商标公司赢得"北半球中最有社会意识的美国公司"的美誉。

6　有钱大家一起赚

钱只有在商品流通中才能生利,这是犹太人在长期经商过程中得出的经验。他们之所以能赚得更多的钱,有一点最值得推崇的是他们善于在每一桩生意中与对手结成联盟,互相依靠,互惠互利。"一笔生意,两头赢利",这是犹太人双赢策略的基本思想。犹太商人进行商务往来,总是能够通过巧妙经营来实现双赢。

莱曼兄弟的故事对阐释犹太人在商务中的双赢这一技巧是最有说服力的。

莱曼兄弟公司是一家历经150年的美国犹太老字号银行,在经济并不景气的20世纪70年代末期,年利润就高达3500万美元,而它的创业更是具有传奇色彩。

1844年,德国维尔茨堡的一个名叫亨利·莱曼的犹太人移居美国,他在南方居住一段时间,就和自己的两个弟弟——伊曼纽尔和迈耶一起定居在亚拉巴马,并开始做起杂货生意。

美国南部的亚拉巴马是一个产棉区,农民手里只有棉花,所以,莱曼兄弟积极鼓励农民以棉花代货币来交换自己的日用杂货。这样做并不违背犹太商人一贯的"现金第一"的经营原则,因为莱曼兄弟的账算得很清楚,他们认为:以商品和棉花相交换的买卖方式,不但能吸引那些一时没有现钱的农民,而且能扩大日用杂货的销售量;同时在以物换物并处于主动地位的情况下,能操纵棉花的交易价格而且并不影响商品的出售价;经营日用杂货本来需要进货运输,以前总是乘空车进货,现在顺路把棉花捎去，还能很好地利用一笔较大的运输费。在短短的几年时间里，莱曼兄弟就赚到了足够的资金，在他们注册银行后，同样也是贯穿着这一互惠互利的经营思想，终于做成了今天历经百年不衰的老字号银行。

在买卖中把握双赢的技巧，这不仅是莱曼兄弟的经商手段，也是大多数犹太商人采用的普遍手段，也正是如此才使得他们的生意越做越大。犹太人这种"互为依靠，有钱一起赚"的赢钱之道是符合现代经商原则的。而今这一原则被现代犹太人发展成如下的经营理念：

（1）以往公司为了赚钱，总想独霸市场，一心想着挤垮对手。他们在处理与同行的关系上，多是互相诋毁、互相攻击、互相欺骗。信奉"同行是冤家"，坚持"三十六行，行行相妒"。相反，现代商业提倡竞争、鼓励竞争，竞争的目的是相互推动、相互促进、共同提高、一起发展。

（2）在过去的市场竞争中，谁都想胜不想败，大家认为市场竞争中的同行是"敌手"，因为彼此在竞争中带有以下性质：一是保密性。竞争者在一定阶段、一定情况下，都有一定的保密性。二是侦探性。竞争者几乎都在彼此刺探情报，以制订战胜对方的策略。三是获胜性。参与竞争的每一个人无一不想胜利，都想获利，让自己的产品占领市场。四是克"敌"性。假若市场不能容纳下全部竞争者时，任何企业都想保存自己而"灭掉"对方。即使市场能容纳下全部竞争者时，他们也还是都想以强"敌"弱。这种竞争只能是你死我活，非胜即败，这是如今市场所不提倡的。在现代商人看来，在竞争中达到双赢才是最好的结果。

（3）虽然竞争者之间有点像战场上的"敌手"，但就其本质来说是不一样的。这是因为：公司经营的根本目标是为社会服务，公司的产品是满足社会需要，公司赚的钱也为国家、公司和员工三者所用，公司间的竞争手段必须是正当合法的。从这个角度看，公司之间完全可以相互帮助、支持和谅解，应该是朋友。

（4）竞争是激烈的，相同行业之间的竞争更为激烈。竞争对手在市场上是相通的，不应有冤家路窄之感，而应友善相处、宽容大度。这好比两位武德很高的拳师比武，一方面要分出高低胜负，另一方面又要互相学习和关心，胜者不骄，败者不馁，相互间切磋技艺，共同提高。

（5）为了自己的生存发展，竞争对手之间竭尽全力参与竞争是正常的现象。但是，在竞争中一定要运用正当手段，通过质量、价格、促销等方式进行正大光明的"擂台比武"来一决雌雄，切不可用鱼目混珠、造谣中伤、暗箭伤人等不正当手段损伤对手。

（6）市场的广阔与多元性，使得一个有灵敏头脑的老板，不必为自己受排挤而妒火中烧，而应果断地避开众人，不畏踏上冷僻的羊肠小道，一样能够到达光辉的顶点。

（7）现代社会条件下，市场形势瞬息万变，市场形势此时可能对甲有利，眨眼间就可能变得对乙有利。所以，任何一个生意人都应"风物长宜放眼量"，不应当以一时胜负来论英雄，更不可以一时失利而迁怒竞争对手。

以上是犹太商人一些行之有效的技巧和策略，从中我们不难看出，竞争是残酷的，在残酷的竞争面前只有找准合作对象，互为依靠，共同承担竞争风险，财源才会滚滚而来。

7　任何时候都不放弃任何一位犹太人

犹太人也许是世界上最富于集体精神和团结互助的民族,他们的合作往往是几十人甚至上千人的合作,他们影响世界的两大巨著——《圣经》和《塔木德》,就是集体智慧的结晶。

在做生意赚钱上面,犹太大亨的团结精神就更明显了,他们的生意伙伴大都在犹太人中间选择。萨尔诺夫、迈耶、威廉、佩利、格雷厄姆等,相互之间都是最要好的朋友和生意对手,彼此在友谊和竞争中发大财。美国好莱坞的巨头高德温、梅耶、派拉蒙公司等五大电影公司,都是犹太人的公司,垄断了整个美国好莱坞市场。

在犹太人中间,还有这样一种说法——10人即为共同体。在犹太人看来,9个人及其以下只能是个人,而10个人就是集体。比如,犹太人之间有了争执,就可以把事情前前后后的经过,向10个与此毫无关联的犹太人做出说明,并让这10个人来做裁定,这10个人的裁定就是犹太人集体的裁定,这样能够加强犹太集体的权威,同时还能避免犹太人集体的分裂。

为什么在以色列打仗的时候,犹太侨民甚至是百万富豪都义无反顾地回国参战呢?因为犹太教义有着这样一条精神:我们任何时候都决不放弃任何一位犹太人。

在以色列军队中,也有这样一条规矩,不能丢弃任何一个士兵。有时候,好不容易从敌人的包围中杀出一条血路,如果发现有士兵掉队,没有冲出来,他们就会义无反顾地回去援救战友,尽管这一去有可能再也无法回来。

也许，这并不是一个好的方法，有可能为了救出一个人而战死10个人。但正是有了这种团结互助的精神，所以任何一个犹太士兵，或者说散落在世界上的任何一个犹太人，都会底气十足。因为他们知道，有一个强大的犹太民族在支撑着自己。难怪无论打仗还是做生意，犹太人都是那么信心十足。

古代犹太人在神庙中有一个保密大厅，犹太人把他们的礼物秘密地放在那里，穷人们来到这里秘密地得到帮助，让给予者不知道给的是谁，接受者不知道是谁给的。这样，既帮助了同胞，又维护了穷人的尊严。

犹太人对自己同胞的这种团结和帮助，让其他很多民族不解，有人问犹太人为什么要这样做，犹太人会回答："我们自己不帮助自己，难道还有别人帮助我们吗？"

20世纪90年代初期，埃塞俄比亚的饥饿和内战，造成每年都有上百万人悲惨地死去，活下来的人的处境甚至连动物都不如。当知道那里有数万名犹太人之后，贾米尔政府实施了一个命名为"空中堡垒"的行动——把那里的犹太人全部用飞机空运到了以色列。

虽然这部分犹太人绝大部分病弱又是文盲，将会是以色列的一个沉重的包袱，但他们有着犹太血统，所以就获救了。因为犹太人决不会不帮助犹太人。因为这个原因，"犹太人中没有乞丐"这个特殊的社会现象，也就不难理解了。

以团结互助构筑民族的力量，保持散居在全世界犹太人的团结，是犹太人成功的一个根本原因。

因为遭受了太多的苦难，所以犹太人只相信犹太人，他们的交往只局限于犹太同胞中。许多著名的犹太人彼此很熟悉，成了学术上的知己，既相互竞争又相互促进，结果是共同得到了发展，也推动了世界的进步。

犹太人的三大杰作（共产主义、相对论与原子弹）的产生，也得益于他们团结互助的传统。马克思、拉萨尔、伯恩斯坦、卢森堡都具有犹太血统，他们之间的相互合作或斗争，促进了国际共产主义运动的发展；弗兰克、爱因斯坦、尼尔斯、玻尔、赫兹一度曾是要好的朋友和争辩的对手，他们取得的杰出成就推动了整个人类的科学进步；西拉德、爱因斯坦、奥本海默、特勒也曾是好朋友，正是这 4 个人的共同努力，才制造出了原子弹和氢弹。

下篇

经商智慧：
成为生意场上规则的制定者

做生意有做生意的规则，犹太人以生意场上的卓越表现成为规则的制定者。中国人常说"无商不奸"，如果把这里的"奸"理解为能算计、善于利用和创造一切机会、善于让投入产生尽量大的利润，那么无疑，犹太人是世界上最"奸"的商人。

第一章

明白细节决定成败的道理

犹太人之所以成为生意场上的英雄,是因为他们集许多优秀的商业素质于一身,这包括机遇面前雷厉风行的作风,也包括关注细节、从小事出发解决问题的行事风格。在竞争激烈的商场,细节决定成败的说法绝不是危言耸听,犹太人可谓深得其中真味。

1 在细节处节省金钱

世界上流行这样的说法:"犹太人是吝啬鬼。"也就是说犹太人对金钱十分吝啬,花钱的时候极为小气。犹太人为自己的吝啬感到高兴,因为作为商人,对物品的斤斤计较与对金钱分分毫毫的计算和利用是商人职业的本能反应。对犹太人来说,这简直是对他们精明投资的一种褒扬。

节俭是犹太人的特点。犹太人特别是犹太商人不管多么富有,决不会随意挥霍钱财。在宴请宾客时,以吃饱吃好为原则,不会讲排场乱开

下篇 经商智慧：成为生意场上规则的制定者

支；在生活中，以积蓄钱财为原则，不会用光吃光，手头空空的。犹太人测算过，依照世界的标准利率来算，如果一个人每天储蓄1美元，88年后他可以得到100万美元。这88年时间虽然长了一点，但是如果每天储蓄2美元，那么在10年、20年后，很容易就可以达到100万美元，因为这种有耐性的积蓄会得到利用，并由此得到许多意想不到的赚钱机会。我们再来看一下洛克菲勒的故事。

当洛克菲勒有了一些积蓄的时候，他开始自己创业。由于刚开始步入商界，经营步履维艰，他很快就花完了好不容易积攒的一点钱。后来他从一本书中的"勤俭"两字受到启发，将每天应用的钱加以节省储蓄，同时加倍努力工作，千方百计地增加一些收入。这样坚持了5年，他积存下800美元，然后将这笔钱用于经营煤油。在经营中他精打细算，千方百计地将开支节省，把盈利中的大部分储存起来，到一定时间再把它投入石油开发。照此循环发展，他如滚雪球一般使其资本越来越多，生意也越做越大。经过30多年的"勤俭"经营，洛克菲勒成为北美最大的三个财团之一，其财团下属的石油公司年营业额可达1100多亿美元。

努力挣钱是行动，设法省钱是节流的反映。巨大的财富需要努力才能追求得到，同时也需要杜绝漏洞才能积聚。

犹太人有句格言这样说：花1美元，就要发挥1美元100%的功效，要把支出降到最低点。

洛克菲勒成为亿万富翁以后，他的经营管理也是以精于节约为特点的。洛克菲勒对部下的要求是提炼一加仑原油的成本要计算到小数点后的第3位。每天早上他一上班，就要求公司各部门将一份有关成本和利润的报表送上来。多年的商业经验让他熟稔了经理们报上来的成本、开支、销售以及损益等各项数字，他常常能从中发现问题，并且以此为指标考核每个部门的工作。

1879年的一天，洛克菲勒质问一个炼油厂的经理："为什么你们提炼一加仑原油要花19.8492美元，而东部的一个炼油厂干同样的工作只要19.849美元？"

这正如后人对他的评价：洛克菲勒是统计分析、成本会计和单位计价的一名先驱，是今天大企业的"一块拱顶石"。

可见，对金钱除了爱之外，还要惜，也就是说，除了想发财外，还要想办法保护已有的钱财。犹太人的这些金钱观念是很有道理的，这是犹太人经营致富的一个奥秘。犹太富商亚凯德说："犹太人普遍遵守的发财原则就是不要让自己的支出超过自己的收入，如果支出超过收入，就是不正常的现象，更谈不上发财致富了。"

很多犹太老板对开支都是精打细算，为的就是尽量降低成本，减少费用。他们总是说："要把1美元当做2美元来使用。如果在一个地方错用了1美元，并不只是损失1美元，而是花了2美元。"

犹太人的用钱原则就是这样，只把钱用在该用的地方，他们认为不该用的地方，是1分钱也不会花出去的。洛克菲勒说过："对钱财必须具有爱惜之情，它才会聚集到你身边，你越尊重它、珍惜它，它越心甘情愿地跑进你的口袋。"

犹太人认为，不要把支出和各种欲望混为一谈。各人的家庭都有不同的欲望，可是这些欲望是各人的收入所不能满足的，因此，切不可把自己的收入花在不能满足的欲望上面，因为许多欲望是永远不能满足的。

下篇　经商智慧：成为生意场上规则的制定者

欲望好像是野草，农田里只要有空地，它就生根滋长、繁殖下去。欲望也是如此，只要你心里有欲望，它就会生根繁殖。欲望是无穷无尽的，但是你能做到的却微乎其微。人们要仔细研究现在的生活习惯，因为即使有些支出是必要的，但是经过思考之后这些支出也是可以减少或者取消的。别以为亿万富翁有那么多的金钱，一定可以满足自己的每一个欲望，这种想法是不正确的。作为亿万富翁，他的时间有限，精力有限，能到达的路程有限，吃进胃里的食物有限，享乐范围当然也有限。

一个人的欲望是无穷无尽的，这些欲望是永远都不会完全满足的，如果把自己的收入花在不能满足的欲望上面，就会陷入欲望的无底洞中，永远不会积累资本并发财。

这就是犹太人，他们善于提防金钱的损失。《塔木德》说："金钱容易引发意外，任何人对待金钱都要谨慎，否则就要损失金钱。先要学会看管少数金钱，然后才可以管理更多金钱，这是最聪明的提防金钱损失的办法。"当似乎可以获得大批金钱的投资机会出现时，有些人被它所迷惑，蠢蠢欲动参加投资，那是可能导致金钱损失的。

2　把握了细节也就把握住了运气

犹太商人非常留意生意场上的每一个细节，这是他们把运气变成财气最有效的方法之一。曾经有一家犹太人经营的服装公司——"李维·施特劳斯公司"，靠运气促成一场服装革命——牛仔裤的风行全球。

"李维·施特劳斯"这个犹太人的名字现已被收入英国辞典，如今生活中牛仔服饰已经是很常见的了，然而这个服装文化的源头，几乎成了神话般的传说。

公司的创始人李维·施特劳斯本来并不是个服装商，虽然当时美国服装行业是犹太人占支配地位的行业，一度男装市场的85%、女装的95%，都是来自犹太人的服装厂。

19世纪中期，美国加利福尼亚一带曾出现过一次淘金热。为了赚钱，年轻的李维·施特劳斯也跟着去了加利福尼亚，但为时已晚，从沙里淘金已到了尾声，淘金已是很难的生意，但他却"从斜纹布里淘出了黄金"。

施特劳斯去的时候随身带了一大卷斜纹布，想卖给制帐篷的商人，赚点钱做淘金资本。可是到了那里却发现，工地的人们不需要帐篷，却需要牢固耐穿的裤子，整天同泥和水打交道，裤子坏得特别快。于是，这一不经意的细节触动了施特劳斯的灵感，经过几次拼合剪裁，就诞生了施特劳斯的第一条牛仔裤。10年以后，他又发现牛仔裤的口袋最容易磨损，他又让设计人员特制了铜纽扣，以增强口袋的牢固度。此后，施特劳斯开始大批量生产这种新颖的裤子。这一个很小的细节的改变极大地拓宽了牛仔裤的市场，牛仔裤不仅成为做体力活的工人的工装，而且开始在城市中流行，销路极好，引得数以百计的其他服装商竞相仿效。但施特劳斯的企业一直独占鳌头，每年约售出100万条这种裤子，年营业额达5000万美元。

1902年，老施特劳斯去世后，4个外甥接下舅舅的公司，他们按舅舅说的去做，经营得不错，公司不断发展，业务范围也随之扩大，机会也不断地涌现出来。于是，他们又开始经营呢绒、裤子、毛巾、被里、床单和内衣。到第二次世界大战结束，这些商品的营业额已接近公司总营业额的一半。1946年，为了保持公司的传统项目，外甥的儿子瓦尔特·哈斯·耶尔决定将公司的全部资金用于生产高品质的牛仔布料。这种由10股3号棉纱织成的布料已获得国家专利，专门为李维·施特劳斯公司生产。

哈斯的决定也同样是来源于一次生活的体验。一天，他在一个酒店里喝香槟，邻座是一对热恋中的情侣，女的身穿施特劳斯公司生产的牛仔裤，男的不停地赞美她，"你穿牛仔裤很好看，如果这种裤子能把你那美妙修长的曲线凸显出来，那就是再好不过了。"哈斯留下了他们的通信方式，飞一般地跑回公司，不到一个月时间，这种新型牛仔面料诞生了。后来他把用新布料生产出来的第一条牛仔裤免费送给了那对在酒店中偶遇的情侣。哈斯并不是有意识地想改变公众的品位或穿着习惯，也未曾预见到这一细节竟引发了一场服装革命。

当初，他只是做出了一项经营决策，更准确地说，他只是想通过此举"博"一下，输赢在此一举，看新布料能否取胜。结果运气变成了财气，他赢了，而且是极大的成功。

用这种新布料生产的牛仔裤特别有助于显示出人的体形，充满青春气息，上市后就大受欢迎并且迅速占领了市场，进入20世纪60年代后更是大行其道。一则因为60年代正值"二战"结束后出生的一代踏上社会，人口出生高峰出现后成长的第一代，一时间给整个美国社会带来了一股青春文化的气息，年轻人成了消费市场的大头，洋溢着青春气息的牛仔裤自然独领风骚。二则60年代正好是个反叛的时代，传统规范和价值观念受到年轻人的怀疑、抨击甚至唾弃，而牛仔裤以其不拘形式这一明显的特点，成了最能体现时代潮流的服装。

这一变革之所以称为"服装革命"，有两方面的原因。

其一，使牛仔裤成了青年一代的制服，也成了一切想"混迹于"年轻人中的人所热衷的服装。

其二，使一切不想让自己显得保守古板的人穿上牛仔裤，终至被一位总统大摇大摆地穿进白宫去。

这场服装革命带来的直接后果是，它从不同方向使服装不再能显示穿着者的身份。如果说，原先批量生产的服装使一个公司的推销员穿得像总经理一样提升人的品位和形象，而牛仔裤却使总经理穿得像推销员一样。但人们并不轻贱穿牛仔的人，而且牛仔裤不分性别，男人女人穿得完全一样。牛仔裤也没有新旧之分，甚至旧的更好。这又是一个奇迹，服装史上第一次出现了"生产旧裤子，甚至破裤子"的工厂，那经过磨损、褪色和打过补丁的牛仔裤，却更好销，价格也更高。

本来，瓦尔特·哈斯·耶尔的这一改换布料的细节只不过是利用服装行业的一般冒险行为以扩大自己的营业额而已，结果却难得地抓住了一个延续半个世纪还方兴未艾的时尚机遇，如果从老李维·施特劳斯的第一条牛仔裤算起，这个产品已经走过一个半世纪了。在一个批量生产的时代能找到一个能为如此长的时间、如此大的范围、年龄差异如此之大的消费者所接受、所喜爱的商品，确实可以说是一个天机。

在李维·施特劳斯公司150年的发展历程中，几次重大的变革都是领导者善于发现细节，把握细节，这其中虽然有运气的成分，但这运气也只有精明的商人才能把握。绝大多数的犹太商人就是这样在不断地发现过程中赢得财富的。

3 盯紧女人觅商机

从哪里赚钱最容易？犹太人的答案是：盯紧女人的口袋。因为通过对生活的观察，他们发现一个很普遍而一般人又不注意的细节：挣钱的是男人，花钱的是女人。

这一点我们可以从犹太人的历史中窥见一斑：

犹太人的历史告诉我们，男人工作赚钱，女人使用男人所赚的钱维持生活、传承文化、繁衍后代。所谓经商法，就是要席卷别人的钱。所以不论古今中外，要想赚钱就必须"进攻"女人，来夺取她们所持有的钱。所以，"盯紧女人的口袋"就成为犹太人经商的格言之一。

具有常人以上经商才能的人，如果瞄准女人经商，必会成功。反之，经商如果想赚男人的钱，则较以女人为对象要困难10倍以上，因为男人虽然能赚钱，但大多数就没有持有金钱，更清楚点讲，就是没有消费金钱的权利。从这一点看来，以女性为对象的生意容易做。

比如那些闪亮发光的钻石、珠宝、戒指、别针、项链、豪华的女用礼服以及高级女用皮包等商品，都附带有相当高的利润，在等待商人们来运作，只要商人把握这一切，就会赚得满皮包的钞票。因此，做生意一定要掌握这一点，只有打动女人的心，才能使生意成功。

男人和女人相比较，他们在花费上有许多区别。拿花钱这一日常行为来说，男人会花两元钱去买价值1元钱的他所需要的东西；而女人则会花1元钱去买标价两元钱但并不是她需要的东西。这个区别暗示女人比男人能花钱，比男人会花钱，而且这似乎是所有男人和女人的共性。

犹太人千百年来的经商经验是，如果想赚钱，就必须先赚取女人手中所持有的钱。相反，如果经商者想清洗男人兜里的钱，拼命"瞄准男人"，做生意则注定会失败。因为在花钱方面似乎所有的男人都是听女人的。

历史上，犹太商人经营的业务，有不少就是以女性为对象的。犹太商人就是瞄准了这个市场，获得了比别人更大的利润。

犹太人给女人们献上的第一件"礼物"就是钻石。

以色列不产钻石，南非才是世界上最主要的钻石原料产地，但以色列却是世界上最大的钻石加工地，其年营业额已突破40亿美元，占全世界钻石加工总量的6成以上。

梅西公司的创始人犹太人施特劳斯之所以能够结束打工生涯并自己当上老板，就是因为他发现独来独往的顾客中女性居多，即使男女结伴购物，购买的决定权仍然操纵在女性手中。

施特劳斯准确地把握了这一契机，纽约街头第一家女性用品专营店于是开业了。一开始，他经营的是时装、手袋和化妆品，几年之后，增加了钻石和金银首饰等业务。他在纽约的梅西百货公司共有6层展销铺面，其中女性用品占了4层，展卖综合商品的另外两层中也有不少商品是专为女性而摆设的。同样是百货公司，梅西公司的利润远远高于它的

下篇　经商智慧：成为生意场上规则的制定者

同行。

"我盯住了一大群女人，"施特劳斯后来感慨地说，"我的店员全部盯上了她们。"

梅西公司从一家小商店开始起步，经过30多年发展，现已成为世界一流的大公司，这样的事实雄辩地说明了"盯紧女人能发财"。

牢记着"盯紧女人"，信奉犹太文化的佐藤成了世界上"女性生意经"方面的高手。

佐藤博士开始在繁华的东京银座开了一家百货店，但开业两三年了，生意一直冷冷清清。为此，他请教一位犹太朋友。这位犹太朋友只送了他4个字——"盯紧女人"。

回到自己的百货店，佐藤博士开始认真观察起顾客的特点来，真的发现了"盯紧女人"的必要性：女性顾客占顾客总人数的80%左右，即使是男人来逛商店，大多也是给妻子购物或者陪妻子购物。同时发现白天来的多为"家庭大嫂"族，下午五点半后来的多为"上班丽人"族。

这一发现让佐藤博士兴奋不已，于是他将营业对象锁定在女性身上。他果断地决定为女性顾客腾出全部的营业面积；把营业时间一分为二，白天针对家庭妇女，摆设衣料、厨房用品等家庭生活必需品，晚上则全部换上针对上班丽人族的时髦用品，将朝气蓬勃的气息带到商店，以便迎合那些年轻的女性，如名贵香水、精美内衣、超级迷你用品等等，仅女性袜子就摆置得琳琅满目，不下百种。

新招出奇效，佐藤博士商店的顾客很快多了起来，以致营业面积日显不足。这时他果断决策：商店专营女性内衣及袜子。

佐藤的女性内衣及袜子专营店就这样迅速开业了。

由于专营店可供顾客选择的品种丰富，款式流行，尤其是"节省衣料"的性感内衣使女人更具魅力，满足了日本女子在家穿着暴露以吸引丈夫或男朋友的需要，再加上专营店也有价格优势，佐藤的商店一下子销路大开。

不久，佐藤专营店在日本各地都设了分销点，一年后达到了100多家，基本引导了全日本的女性袜子和内衣市场。

佐藤在长期跟女性消费者打交道的过程中积累了丰富的经验，他把女性消费者的特点或者弱点概述如下：

（1）原价100元的东西降价为98元，三位数降到两位数，女人的感觉便是便宜多了。

（2）只要某广告提到某厂商正在某地举办大拍卖，大多数女人就甘愿花20元的车费去购买一样只便宜10元钱的东西。

（3）3个苹果60元，女人们大多知道一个苹果20元；3个苹果50元，大多数女人为知道一个苹果的价格，往往会掏笔演算一番。

（4）女人比男人喜欢触摸。女人的触摸往往表现为一种自发行为或暗自揣测。若没有摸一摸、揉一揉衣物，女人是绝对不会下决心购买的。其他商品也是一样。不可品尝的食品，女人也要用手捏捏，以鉴定其品质。精美的商品被不透明的纸袋精美地包装着，女人们往往不敢做购买的尝试。

（5）与其大费口舌地向女人推销，不如让女人摸一下、看一下，因为女人都喜欢自己的亲身体验。

佐藤在摆放商品时，为吸引女人，还总结了下面9大规律：

（1）大的东西比小的东西醒目。

（2）动态的物体比静态的物体醒目。

（3）色彩鲜明的比色彩晦暗的醒目。

（4）背景色协调的比背景色杂乱的醒目。

（5）圆形的比方形的醒目。

（6）人比物醒目。

（7）外国的比本国的醒目。

（8）与顾客有关联的比与顾客无关联的醒目。

（9）女人美丽的容颜男人爱看，女人也爱看，是最醒目的。

这同样适用于女性商品广告。

盯住女人的结果使佐藤成了日本最著名的富商之一。

如今，"女性用品商店"、"女人街"散布在世界各地的繁华街道和市井胡同，犹太商人盯紧女人需求的细节处做生意的秘诀已被千千万万的商人破译，为他们带来了高额的利润和丰厚的回报。

4　在吃上下功夫能赚大钱

犹太人认为嘴巴的功能有二：一为说，一为吃。经过几千年的反复实验，犹太商人总结出"嘴巴"也是最能赚钱的地方之一。每个精于赚钱的人，都必须掌握这样一条赢钱术——善于从"嘴巴"里挖钱。可以说，嘴巴是消耗的无底洞，当今地球上有60多亿个"无底洞"，其市场潜力非常大。为此，犹太商人都设法经营任何与嘴巴有关的商品。如食品店、粮店、水果店、鱼店、肉店、蔬菜店、餐厅、咖啡馆、酒吧等等，不胜枚举。

犹太人认为，面包也好，冰淇凌也好，入口的东西必然要经过消化和排泄这一自然生理过程，进入人的嘴巴几小时后，都会化作废物排泄掉。如此不断地循环消耗，新的需求不断产生，商人就可以尽量地去满足这种需求，从经营中不断赚到钱。当然，经营食品不如经营钻石、珠宝、时装等女性用品见利快，但需求量之大足以让商人获取丰厚的利润。为此，犹太生意经中把食品经营列为仅次于女性商品经营的"第二商品"。

被列为"第一商品"的妇女用品虽然容易赚钱，但它需要一定的运作条件，由商品的选择到推销，是一个非常复杂的过程，需要一定的经商条件和才能。然而犹太人经商法的第二商品"嘴巴"生意，是庸俗的凡人，甚至比凡人更低才能的人也可以做的生意。

日本汉堡包店的创始人是一位精明的犹太人，他发现，日本人体质孱弱、身材矮小，这很可能与偏吃大米、饮食单一有关。20世纪70年代初期，美国汉堡包店的效应正席卷全球，这位犹太商人又敏锐地感觉到食品未来将是快餐时代。他便与美国麦当劳快餐公司合作，引进了物美价廉的汉堡包生产技术。当时，许多日本商人都认为，在习惯于吃大米的日本推销汉堡包，不可能有市场。但后来的结果证明，这些都是主观臆断。根据犹太人"嘴巴"生意经的观点来看，做"嘴巴"生意很少有不赚钱的。另外，同样是用于"嘴巴"的商品，在美国能畅销，在经济发达的日本为什么不能走红呢？在这种情况下，第一家汉堡包店在东京开业了。不出犹太人所料,汉堡包店顾客盈门,利润甚至大大超过这个犹太商人事先想象的程度。而且供求严重失衡,工人们昼夜加班都满足不了需要,一连用坏了几台世界最先进的面包机器,还是无法满足东京的市场。这个犹太商人利用"嘴巴"生意发了大财。

还有一位犹太企业家辛普洛特,令人难以置信的是,他发迹靠的是土豆。如今,辛普洛特是世界最有钱的百位富豪之一。

第二次世界大战期间,美军作战部队需要大量的蔬菜补给。为了方便运输和保存,他们选择了脱水蔬菜,辛普洛特买下美国最大的一家蔬菜加工厂以后,专门加工脱水土豆供应前线,由于需求量大,辛普洛特的工厂规模迅速扩大。

第二次世界大战后脱水蔬菜的需求量大量减少,土豆明显供大于求,于是,冻炸土豆条被某家公司研制出来。土豆中水分与其他干物质的比例高达78∶22,由于含水量高,冷冻会让土豆的味道变糟,因此人们根本不看好这一新技术,又因为投资过大,还没有人去实验,辛普洛特却认为"嘴巴"生意瞄准的是新鲜的味道。于是,他冒险买了这条"冻炸土豆条"生产线,这样,冷冻炸干的土豆就解决了土豆变质的问题。

对瞄准"嘴巴"的深入理解和长期坚持瞄准"嘴巴",使辛普洛特很快跻身富豪行列。

与众不同的是辛普洛特的"嘴巴"生意具有丰富的内涵,不仅对产品质量严格把关,而且非常注意节约每一份资源。针对每个土豆只有一半得到利用,另一半被当做垃圾扔掉的情况,已是富豪的辛普洛特并没有放弃对它们进行再利用的想法,他又瞄准了牲口的嘴巴。他把土豆中人不可食用的部分掺入谷物制成牲口饲料,结果仅人不可食用的土豆条就饲养了 15 万头牛。

与此同时,辛普洛特还经营"嘴巴"生意带来的副产品:用土豆加工过程中产生的富含糖分的废水灌溉农田,提高了土地的肥沃度;用土豆来制造燃料添加剂,缓和了石油危机中油品的短缺;把牛粪导入沼气池,既节约了能源又符合环保标准。

一个庞大的土豆帝国就这样被构建起来。自此,辛普洛特每年销售大约 15 亿磅加工过后的土豆,获得的利润在 12 亿美元以上。而其他从事"嘴巴"生意的犹太人赚了多少钱实在是难以统计。

在以色列,在欧洲,在世界各地,犹太人的饭店、酒吧和夜总会比比皆是。

只要有人的地方就要吃饭,就会有饮食业的市场,饮食业是永远不会衰落的黄金产业,是永不枯竭的财富源泉。正是因为犹太人对此早有发现,而且笃信不疑,他们甚至可以满怀希望地经营着小小的蔬菜店、面包房、点心铺以及水果摊,因为这些都是稳赚不赔的生意。

从上面的例子可以看出,犹太人善于做的"嘴巴"生意,是最务实的赚钱方式。数不清的钞票就这样源源不断地钻进了他们的口袋。

5 施展"多做一点"的魅力

某著名犹太人投资专家通过大量的观察研究,得出一条很重要的原理:"多一盎司定律"。他指出,取得突出成就的人与取得中等成就的人几乎做了同样多的工作,他们所做出的努力差别很小——"多一盎司"。但其结果在所取得的成就及成就的实质内容方面,却经常有天壤之别。

他把这一定律也运用于他在耶鲁的求学经历。约翰·坦普尔顿决心使自己的作业不是95%而是99%的正确。结果呢?他在大学三年级就进入了美国大学生联谊会,并被选为耶鲁分会的主席,得到了罗兹奖学金。

在商业领域,约翰·尔顿把多一盎司定律进一步引申。他逐渐认识到只多那么一点儿就会得到更好的结果。那些更加努力的人就会得到更好的成绩,那些在一品脱基础上多加了1盎司变成17盎司而不是16盎司的人,得到的份额远大于一盎司应得的份额。

"多一盎司定律"可以运用到所有的领域。实际上,它是使你走向成功的普遍规律。

例如,把它运用到高中足球队,你就会发现,那些多做了一点努力、多练习了一点的小伙子成了球星,他们在赢得比赛中起到了关键性的作用,他们得到了球迷的支持和教练的青睐。而所有这些是因为他们比队友多做了那么一点。

在商业界,在艺术界,在体育界,在所有的领域,那些最知名的、最出类拔萃的犹太人与其他人的区别在哪里呢?回答是:就多那么一点儿。"多加一盎司"——谁能使自己多加一盎司,谁就能得到千倍的回报。

在工作中,有很多时候需要我们"多加一盎司"。多加一盎司,工作就可能大不一样。尽职尽责完成自己的工作的人,最多只能算是称职的员工。如果在自己的工作中再"多加一盎司",你就可能成为优秀的员工。

"多加一盎司"在所有的工作中都会产生好的效果。如果你多加一盎司，你的士气就会高涨，而你与同伴的合作就会取得非凡的成绩。要取得突出成就，你必须比那些取得中等成就的人多努一把力，学会再加一盎司，你会得到意想不到的收获。

"多加一盎司"其实并不难，我们已经付出了99%的努力，已经完成了绝大部分工作，再多增加"一盎司"又有什么困难呢？但是，我们往往缺少的却是"多加一盎司"所需要的那一点点责任感、一点点决心、一点点敬业的态度和自动自发地精神。

"多加一盎司"其实是一个简单的秘密。在工作中，有很多东西都是我们需要增加的那"一盎司"。大到对工作、公司的态度，小到你正在进行的工作。甚至是接听一个电话、整理一份报表，只要能"多加一盎司"，把它们做得更完美，你将会得到数倍于一盎司的回报。

犹太人获得成功的秘密就在于不遗余力——加上那一盎司。多一盎司的结果会使你最大限度地发挥自己的天赋。约翰·坦普尔顿发现了这个秘密，并把它运用到他的学习、工作和生活中，从而获得了巨大的成功。从现在起，你也掌握了这个秘密，好好运用它吧！

"我已经竭尽全力了吗？或许我还有一盎司可加？"经常这样提问自己，将让你受益匪浅。

6　切莫轻视日常小节和小事

　　成功的犹太人认为,好的习惯、好的品质要靠日积月累,成功的辉煌来自平常的学习和训练。切莫轻视小节和小事,因为什么东西都有一个由量变到质变的过程。要善于从小事做起,把它们一件件做好,这才能做成大事。

　　犹太人同时也特别相信伏尔泰的这句话:使人疲惫的不是远处的高山,而是鞋子里的一粒沙子。

　　在人生的道路上,我们很有必要随时倒出鞋子里的那粒沙子。生活中,将你击垮的不是那些巨大的挑战,而是一些非常琐碎的小事。不少人都有着这样的体验:当灾难突然降临时,人们常会因为恐惧、紧张,本能地产生一种巨大的抗争力量。然而,当困扰你的是一些鸡毛蒜皮的小事时,你可能就会束手无策,因为它们是生活的细梢末节,微不足道。然而,正是这些看似微不足道的小事,却能无休止地消耗人的精力。

　　成功的犹太人认为,一个人要建功立业,也需要从一件件平平常常、实实在在的小事做起。正所谓"千里之行,始于足下"。那种视善小而不为、认为做善小之事属于"表面化"与"低层次"的人无疑是眼高手低的人。犹太人经常教育他们的孩子,要想做一个年轻有为的人,必须自觉地从身边的"举手之劳"做起,即使做一件很微小的好事也比视善小而不为的人强,因为"天下难事必做于易,天下大事必做于细"。

　　美国标准石油公司曾经有一位犹太人小职员叫布朗,他在出差住旅馆的时候,总是在自己签名的下方,写上"每桶4美元的标准石油"字样，在书信及收据上也不例外，签了名，就一定写上那几个字。他因此被同事称做"每桶4美元"，而他的真名倒没有人叫了。

公司董事长洛克菲勒知道这件事后说："竟有职员如此努力宣扬公司的声誉，我要见见他。"于是邀请布朗共进晚餐。

后来，洛克菲勒卸任，布朗成了第二任董事长。在签名的时候署上"每桶4美元的标准石油"，这算不算小事？严格说来，这件小事还不在布朗的工作范围之内，但布朗做了，并坚持把这件小事做到了极致。那些嘲笑他的人中，肯定有不少人才华、能力在他之上，可是最后只有他成了董事长。

还有一些人因为事小而不愿去做，或抱有一种轻视的态度。有这么一个故事，据说，在开学第一天，苏格拉底对他的学生们说："今天咱们只做一件事，每个人尽量把胳臂往前甩，然后再往后甩。"说着，他做了一遍示范。

"从今天开始，每天做300下，大家能做到吗？"学生们都笑了，这么简单的事，谁做不到？可是一年之后，苏格拉底再问的时候，全班却只有一个学生坚持下来了。这个人就是后来的大哲学家柏拉图。

"这么简单的事，谁做不到？"这正是许多人的心态。但是，请看看吧，那些成功的犹太人，他们与我们都做着同样简单的小事，唯一的区别就是，他们从不认为他们所做的事是简单的小事。

一个人的成功，有时纯属偶然，可是，谁又敢说那不是一种必然呢？

皮亚是犹太银行大王，每当他向年轻人回忆过去时，他的经历常会令闻者沉思起敬。人们在羡慕他的机遇的同时，也感受到了一个银行家

下篇 经商智慧：成为生意场上规则的制定者

身上散发出来的特有精神。

还在读书期间，皮亚就有志于在银行界谋事。一开始，他就去一家最好的银行求职。一个毛头小子的到来，对这家银行的官员来说并不起眼，皮亚的求职接二连三地碰壁。后来，他去了其他银行，结果也是令人沮丧。但皮亚要在银行里谋职的决心一点也没有受到影响，他一如既往地向银行求职。有一天，皮亚再一次来到那家最好的银行，"胆大妄为"地直接找到了董事长，希望董事长能雇用他。然而，他与董事长一见面就被拒绝了。对皮亚来说，这已经是第52次遭到拒绝了。当皮亚失魂落魄地走出银行时，看见银行大门前的地面有一根大头针，他弯腰把它捡了起来，以免伤到他人。

回到家里，皮亚仰卧在床上，望着天花板发愣，怨恨命运对自己如此不公平，连让他试一试的机会都不给。在伤心中，他睡着了。第二天，皮亚又准备出门求职，在关门的一刹那，他看见信箱里有一封信，拆开一看，皮亚欣喜若狂，甚至有些怀疑是否在做梦——他手里的那张纸是录用通知单。

原来，昨天就在皮亚蹲下身子去拾大头针时，被董事长看见了。董事长认为如此精明细心的人，很适合当银行职员，所以，改变主意决定录取他。皮亚在银行界平步青云，后来功成名就。

于细处可见不凡，于瞬间可见永恒，于滴水可见太阳，于小草可见春天，上面说的都是一些"举手之劳"的事情，但不一定所有人都愿"举手"，或者有人偶尔为之却不能持之以恒，可见，"举手之劳"中足以折射出人的崇高与尊贵。难怪古人云"勿以善小而不为"。

成功的犹太人常常说，一个人一生只要干好一件事情就可以了。

要专心做一件事。由于人的时间、精力、脑力有限，老天对每一个人的时间是公平的，一天24小时大家都一样。所以当你在一生或一段时间内选择一两个目标时，就应该把所有时间、精力、脑力用在这方面。社会上有一些专才或专家，他们连一般的生活常识也不清楚，但他们对某些专业方面比一般人都在行。这就是因为他节约了其他付出的时间，专心做一两件事，他们在这一两个方面花的时间比其他人多得多，所以成功了，在这方面有了比人家更多的回报，这也是一种捷径。当你在谈论或与他讲一些与他无关的话题时，他的脸上没有一点反应，也不接一句话，好像根本没有听见一样，这种人非常知道节约时间、精力和脑力，少与他人讨论没有意义的事情，这也是一种节约。所以最好的方法就是在一个阶段专心做一件事，将其他不重要的事情放一放，完成以后再设定一个新目标。

很多时候，很多事情，都是说起来容易做起来难。不同的人，有着不同的人生轨迹，有着不同的人生追求，千万不要和别人攀比，永远要坚定自己的信念，犹太人在他们事业的道路上经常提醒自己，要牢牢把握住自己的人生目标，扎扎实实、一步一个脚印地走下去。

在以色列的一个小镇上，有一位年轻的犹太人，他是一个单位的看门人，也许是因为工作太轻闲，为了打发时间，他经常看一些历史方面的书籍，作为自己的业余爱好。就这样，他看门60多年，历史方面的书籍他竟然也看了60年。功夫不负有心人，凭着自己的这份毅力，他对历史有了非常深入的研究，随之声名远播，只有初中文化的他被授予院士头衔，成了世界上著名的历史学家。

这位犹太人成功的例子，给世人以这样的启示：一生干好一件事。

宇宙无限，人生有限，每个人都应当把有限的时间、有限的精力集中起来，做一件应当做、可能做好的实实在在的事情。一个目标确定以后，必须凝聚自己的全部心力、体力，心无旁骛，坚守初衷，直到成功。

人脑不少于140亿个脑细胞，即使是成功的犹太人也是这样，他们大脑潜力的开发还不足10%。可见，一个人一生干好一件事并不难，关键是能否有坚持到底的毅力。有的人只图眼前，不计长远，风来随风，雨来随雨，今天干这，明天干那，见到什么都被吸引过去凑一凑热闹。结果到头来常常落得两手空空，一事无成。

第二章

先学会理财才有可能发财

犹太人的理财能力与其发财的本领一样值得称道,他们始终能做到的一点是:收多少,支多少,心里要有数;赚多少,亏多少,脑子要常计算。正因为对手里的钱、别人的钱和可能赚、可能赔的钱都能计算清楚、心里有数,犹太人才会做到吃小亏占大便宜。

1 制定全面的理财计划

犹太人的理财规划是为了达成个人目标所做的一种财务管理,主要项目包括以下几种:

(1)现金流量管理与预算;

(2)风险管理与保险;

(3)税;

(4)投资;

（5）退休；

（6）遗产规划。

以上各项目都会互相影响，因而一个完整的财务规划必须结合这6个项目综合考虑。

比如，人寿保险上的钱就不能拿来作为退休金用。理财规划帮助你根据事情的轻重缓急决定金钱的运用方式。理财规划就像旅行，你首先要知道自己想去哪里，并按既定规划，以最顺利的方式到达目的地。

大部分人在做理财规划时，并非考虑全盘的情况。有一个理财规划专家说，他的客户通常来找他"治疗一个特定的毛病"，像要存多少钱以备退休之用，如何买房，做哪一类的投资可兼顾成长与安全等。

然而，如同身体的健康要靠适当均衡的饮食、运动及良好的物质与精神环境，定期的健康检查来配合一样，财务上的健康也需要你对这6个项目的规划投注心力。你的资源如何分配到每个项目中，取决于你的年龄、目标、生活方式、风险忍受程度、收入、财产以及个人欲望，理财的目的就在于将可用的资金导入那些最迫切需要的项目中，如此一来，你可以获得财务上的安全感，而且这个感觉是有事实依据的。

随着专业能力的改善，越来越多的人请理财规划专家帮忙。同时，低廉的电脑硬件与容易使用的软件，也使许多现在只有财务顾问使用的技术得以普及，因此，你将可以轻易地执行财务计划中机械性的计算部分。

注意，非专业的亲戚朋友所提供的理财建议不一定可靠，即使他们是善意的，而且并未夸大其词，也不可以全部采纳。过去对他们行得通的投资，将来未必仍旧是好的投资。此外，你的财产是否与亲戚朋友的一样多？你们的年龄相仿吗？你们的目标是否类似？这些问题大概你都无法回答。你们可能从来没有讨论过这些问题。所以，对自己朋友有利的理财规划策略未必就适合自己。

不要相信社交场合中有关投资的"马路消息"，那类场合绝非是获得投资消息的好渠道，有潜力的投资必须是经过研究分析，并且是比较过风险、报酬率、经济与市场状况的。

有些客户常常打电话来向你询问听说到的某一个很赚钱的投资。经过调查后，你会发现这些公司多半不是上市公司，股票并不流通，或者公司接近停业状态，没有任何财务资料可提供，或者公司的财产、管理以及前景有问题。假如你不详细研究这些投资的话，最好还是不碰为妙。

即使对专业人员来说，研究一项新的投资都很不容易，何况对于没有主要研究渠道的个人投资者而言，判断它的价值就更困难了。除非你确信亲戚朋友有专业知识，或投资眼光特别敏锐，而且非常了解你的需要，否则不要随便听信亲戚朋友的话，不要勉强自己去做听起来不对劲的事情。

既然不能轻信别人的话，那么自己就必须有清醒的头脑去做好理财。

2 理财要有目标

犹太人说：既会花钱，又会赚钱的人是最幸福的人，因为他享受两种快乐。

其实,正确的理财观念并非以累积越来越多的财富为目的。在赚钱之前,应该有一个大致的目标。我赚钱用来干什么?这便是理财的目的,理财只是为达到这个目的的一种手段。

常有人整天眯着眼睛考虑:"有没有什么办法赚大钱。"越是这样的人,越不容易赚到钱。

有人去问一位著名的富翁:"什么是生财之道。"那位富翁反问:"我可以教给你,不过,你可否告诉我,你赚到钱之后,准备用来做什么?"一般情况下求教者会说:"我也不知道,因为我从来没发过大财。"富翁说:"那怎么行?发财之后要到墨西哥的哥阿卡普可港去玩一趟,赚了钱以后要买房子、买汽车……预先有个详细的目的,这就是赚钱的规则。"

要想赚大钱,成功的要诀是及早发现"赚钱并不是目的,而是一种手段。"预先订好一个目标,再谈赚钱的计划。如果只是糊里糊涂地为钱卖命,那又何谈赚钱的意义?

尤其是年轻人,必须给自己订立赚钱之后的计划,并学会用钱。

当然,赚钱之后不一定完全按计划行事,计划也不可能十全十美,但是,起码的计划是必要的。

理财有了一个总的目标之后,还要根据具体情况确立不同时期的目标,就一个人的一生而言,在不同阶段生活的重心和重要方面是不一样的,其理财目标也不一样,根据这个标准,我们可将人生分为以下几个阶段,各个阶段的理财目标也随之变化。

(1)独身期

从正式就业起至结婚前的一段时间,称为独身期。独身期大概从

20岁左右开始。在独身期内，要进行的一项重要的投资就是：将收入的一部分存入银行。开始应存活期，因为该项存款流动性很强，可以帮助应急。当活期存款达到较大数额时，可着手存定期以获取较高的利息。储蓄不仅可保障未来的生活，而且也可为你进入其他获利较高的领域奠定基础。

如果有了一定积蓄后，近期又不想结婚，那么将多余的钱用于较高风险的投资，将是一件很有意义的事。因为青年时期是人一生中最冲动、最爱冒险的时期，思想、家庭负担都较小，从事有一定程度风险的投资，既可以考验自己的实力，又能给生活增添一份挑战，何乐而不为呢？许多成功的投资者都是从青年时期就开始写下辉煌的篇章的。

（2）家庭成长期

这是结婚后至孩子受完教育所历经的一段时期。在这个时期，一方面，家庭开支，尤其是孩子的抚养及教育费用将逐年增加，因而必须存一笔较多的钱用于应付日常各项开支，最好不要将之用于其他投资。另一方面，收入基本呈稳步上升的趋势，投资方面的知识也逐年丰富，因而这个时期是从事个人投资的黄金时期。此时，可对你偏好的一些投资做一番尝试，寻找出自己所擅长的投资工具。

（3）家庭成熟期

就是你的子女受完教育至自己退休的这段时期。在这一时期，你的职业收入基本稳定，不会有太多的增长，但固定开支也明显减少。你此时的投资可根据前半生的投资经验而定。

（4）退休期

这是退休后的时期。在这段时期，家庭的许多开支，尤其是医疗方面的开支将逐渐增多。由于生理的因素，应避免风险高、时间长的投资，而应投资在时间短且收益稳定的资产市场上，好好运用、安排过去积累的财富，过一个舒适的晚年。

在人生的不同阶段，理财的目标也不一样，各种目标有主有次，因此在设定理财目标时必须注意：

（1）此刻所处的阶段和具体情况；

（2）要达到的理财目标；

（3）如何达到理财目标。

只有将这三个问题弄清楚后，才能制定出切实可行的理财目标。

当然，目标只是一个假设可以达到的位置，因环境的变迁，有时就算是人生的目标也要随环境的变化而做出修订，理财目标当然不可能一成不变，也要随个人环境因素的变迁而随时体察实情做出合理的修改，这才是有弹性的、灵活的理财方式。不过在弹性之下，理财目标的修改也应有一个限度，如果今日打算在52岁退休时希望可以储蓄15万，明天却做出大幅修改，希望32岁退休，到时可储蓄50万。这种荒诞的修订，会远离合理理财所应有的弹性程度。那些被经常改得面目皆非的理财目标如同儿戏，而不是理财方法。理财目标在今日改、明日又改的情况下之下，将永远无法达到。

成功地理财，就是制定合理可行的目标贯彻执行，而在相互适应的前提之下，做出合理的修订，最终达成目标。

3　改正错误的消费习惯

犹太人信奉这样一条关于金钱的箴言：在你养成消费的习惯之前，必须先知道怎么处理你的金钱。

通常在人们还没改变消费习惯之前，是不会开始储蓄的，除非你能增加所得，否则要多存一点儿，就必须少花一点儿。以下是7个错误的消费习惯：

（1）冲动的消费

你是不是一个冲动的消费者？如果是，必须先来算算这个习惯的成本。试想如果每一周都冲动地买个价值15美元的东西，一年下来得花780美元。当然，偶尔还是要慰劳一下自己，但也不要太过分。如果经常有别人陪着购物，并且还鼓励你去买超过预算的东西，那么，最好还是自己一个人去购物。

（2）用循环信用购物

大部分信用卡的循环利息为14%～21%，所以信用卡是很昂贵的。一台4000元的电视机如果用利率15%的贷款购买，3年下来会值4900元，也就是说，总价会超过约用现金购买的25%。如果一定要用信用卡，将消费的余额越快偿清越好。

（3）消费的时间不恰当

买刚刚才送到商店里的衣服或当季的货品，是很昂贵的。事实上不久后，商品的价钱就会降下来，特别是在销售情形不佳的季节里。其实可以等到新产品（如计算机、电脑和电子设备等）上市后开始降价时再买，可以替自己省下不少钱。

（4）安慰型消费

有些人以花钱作为武器，纾解自己的压力或沮丧的心情，譬如说，如果对另一半发脾气，他们就会跑到最近的购物中心去大肆消费，以作为对另一方的一种惩罚。这是相当愚蠢的。

（5）买"错"了东西

货比三家可以省钱，如果你想要买家用器具，参考一下《消费者导报》之类的刊物，其中有各种品牌、形式和等级的说明介绍。有些百货公司自营商品的品质，事实上和某些名牌是同质品，因为它们都是由同一家制造商所制造的。

（6）买个方便

省时的速食代价不菲，譬如说，一个知名品牌的冷冻面条，要比同样分量的一般面条贵上 2~5 倍的价钱。另外，所谓便利商店的东西也是比较贵的，因为它们的货物加成费用要比超级市场里的高。如果经常在便利商店购物，一年下来，两者的消费金额相差会有千元以上。另外一个高成本的便利服务项目，就是很多旅馆饭店所提供的电话接线生的服务，应该尽量避免使用，不如通过长途电话公司自动拨接的方式打电话省钱。

（7）买个身份地位

信用卡使用上的方便，常会使人立即当场就购买商品或服务。有些人在和朋友或亲戚比较物质生活时，会昏了头。在很多人的心目中，金钱和占有就等于成功。追求身份地位的人，会去买较贵、较好的东西，要靠家里住房的大小或者是衣服的品牌标签，来证明他们比别人更成功。这是种盲目虚荣的表现。

4　不要总犯理财错误

犹太人认为最常见的错误就是人们认为只有在富有之后才谈得上理财，实际上刚好相反：理财是致富的前奏，你不事先理财就永远不会富有。

理财规划常常被认为是必须累积很多钱之后才去做的事，事实上每个人都需要一些理财计划，不论是自己定还是请人帮你准备。下面为你列出了33种常犯的理财错误，可以帮助你避免重蹈覆辙。

有些人不进行理财规划，是因为他们不知道如何找寻理财顾问帮忙，解决这个问题的方法就是去货比三家，多拜访一些理财专家，直到你认为找到了可胜任、诚实、有经验和让你放心的人。很多理财顾问的初次咨询是免费的，如果投缘，你通常可以在电话上交谈。

当然最有效的是从现在就开始学习理财知识。

人们常犯的理财错误包括：

（1）没有目标与计划；

（2）太晚规划长期的目标；

（3）认为自己无法实现理财目标；

（4）不正确或不实际地估计生活费用或各项理财目标的期望值过高；

（5）不知道钱是怎么花掉的；

（6）紧急预备金不够甚至没有；

（7）粗劣的记账内容；

（8）没有去追踪储蓄或投资的表现如何；

（9）不知道所有的存款和投资将会有哪些风险；

（10）将钱放在跟不上税赋和通货膨胀率的低利率存款中；

（11）不适当的资产分散；

（12）进行不了解或不符合自己风险承担程度的投资；

（13）对投资过于感性或情绪化，而未能考虑所有的事实情况；

（14）从不运用借贷的钱于投资上；

（15）太过依赖理财专家；

（16）当有需要时却不寻求理财建议；

（17）挥霍一笔意外之财；

（18）对房屋或其他贵重物品投保不足；

（19）买不适当或不适合的保险；

（20）没有贷款、房贷、信用卡和买保险、买股票的概念；

（21）没有建立个人的信用；

（22）花钱混乱，有一点儿花一点儿，从不循环使用；

（23）所得收入必须用来偿还大量债务；

（24）未能合法地节省所得税；

（25）未能充分利用节税的投资；

（26）不正确地预缴所得税；

（27）没有为子女存钱；

（28）不正确地与人共同持有财产；

（29）有关钱的事情与家人缺乏沟通；

（30）空想有人将来会照顾你（例如家人或政府）；

（31）忽略了金钱的时间价值；

（32）未能在理财规划的专题上吸收新理念；

（33）有拖延的习性。

在这些问题中，拖延是最重要的一个问题。当没有财务危机发生，不需立刻采取行动时，一般人就会很容易地拖延，并且忽视理财规划的需要，等到要用钱时，就感到生活的重压几乎让人难以承受。

大部分人宁愿过着日复一日的生活，也不愿意去应付一个遥远而未知的将来。况且，理财计划也不都是好玩儿的，有时候它包括买辆新车或一次加勒比海旅游，但同时它也包括死亡、失踪和紧急事故在内的财务计划。

理财是一件严肃的事情，不慎重对待理财的人必不能慎重地对待生活。

最后一个抑制理财规划的态度是：纵使因为通货膨胀而逐渐丧失购买力，也不愿意把钱放在保障最低利息以外的投资工具上。有些人害怕犯错，他们拒绝学习有关个人理财的知识，宁愿继续以不懂为托词，或干脆以不行动来避免做决定的压力。这是错误的，生活将教育他们必须学会理财。

5 花钱的学问比赚钱的本领更重要

现在流行"财商"这一个概念，什么是财商呢？简单地说，财商就

下篇　经商智慧：成为生意场上规则的制定者

是一个人认识、把握金钱的智慧与能力，主要包括两方面的内容：一是正确认识金钱；二是正确使用金钱。

一个人怎样使用钱（包括投资赚钱和消费花钱）是检测其财商高低的唯一方法。犹太人亨利·泰勒在他的《生活备忘录》一书中就指出："从一个人在储蓄、花销、送礼、收礼、借进、借出和遗赠等方面的做法，就知道一个人能不能赚钱。"

因为人性中的一些最优秀的品质是与正确使用金钱密切相关的，例如，节俭、慷慨、诚实、公平和自我牺牲精神等；同样，人性的一些弱点如贪婪、欺诈、不公平和自私，也能由此表现出来。而犹太人在商业活动中，恰恰表现出的全是这些优秀的品质，所以，犹太人有着相当高的财商，而且很多年之前就是这样了。

比如吃饭，犹太人是比较讲究享乐的。所以在吃的上面不惜花钱，这样能使他们有一个强健的体魄和充沛的精力，能赚到更多的钱。

《圣经》上有一则关于犹太人理财的故事。一个大地主将他的财产托付给3位仆人保管和运用。地主告诉他们，要好好珍惜并善加管理自己的财富，等到一年后再看他们是如何处理这些财富的。

第一位仆人拿到这笔财富后做了各种投资；第二位仆人则买下原料，制造商品出售；第三位仆人为了安全起见，将他的财富埋在树下。一年后，地主召回3位仆人检视成果，第一位和第二位仆人所管理的财富皆增加了一倍，地主甚感欣慰。唯有第三位仆人的财富丝毫未增加，他向主人解释说："唯恐运用失当而遭到损失，所以我将财富存到安全的地方，今天将它原封不动奉还。"地主听后大怒，并骂道："你这愚蠢的家伙，不花钱怎么能够赚钱？"

第三位仆人受到责备，不是由于他乱用金钱，也不是因为投资失败遭到损失，而是因为他不敢花钱，这对犹太人来说，是极其愚蠢的做法。犹太人的一个重要的理财观念是：会花钱才会赚钱。

的确是这样，现实生活中这样的例子很多。有的人将钱存入银行，不敢花钱，就算一时意外发了财，他也肯定管理不好财富，会让财富慢慢流失。索罗斯在亚洲金融危机之后回答记者问题的时候就说过：赚钱，一个乞丐就可以做到；花钱，10个哲学家都难以做好。

金钱的实际价值并不是其表面的金额，同样多的钱如何花，最终产生的结果也不同。会花，能给你带来也许是几十倍、几百倍的收入；不会花，花了就花了，不仅没有任何收益，甚至有可能还要赔钱。

犹太人的花钱术就是，该花的钱一定要花出去，想挣钱还要会花钱。做大亨与一般人的最大不同在于，大亨的工作实际上就是如何花钱，钱花对了，就肯定能赚钱。犹太人的花钱观念就是："只有舍得花钱才能挣到大钱，对该花的钱，绝不计较多少。"但他们花一元钱能起到一元钱的作用，花100万能起到100万元的作用，很少花冤枉钱。

6 收入要始终超过支出

一个中国留学生曾经给一个犹太富商家当佣人。他乘车花了14美元向雇主报销，犹太人给了他15美元，硬要求他找1美元；一次家庭

下篇 经商智慧：成为生意场上规则的制定者

聚会后，留学生做卫生时，把抽剩的雪茄烟扔进垃圾桶。谁知老板回家后，又从垃圾桶里把雪茄拣出来继续抽；如果吃剩的牛肉被扔了，老板还要把它捡回来洗干净喂猫。这就是犹太人节俭甚至是吝啬的本性，但是，这并没有错。

犹太人认为，"紧紧地看住你的钱包，不要让你的金钱随意地出去，不要怕别人说你吝啬。你的钱每花出去一分要有两分钱利润的时候，才可以花出去。"犹太富商亚凯德也这样说："犹太人普遍遵守的发财原则，就是不要让自己的支出超过自己的收入，如果支出超过收入便是不正常的现象，更谈不上发财致富了。"

因此，世界上大多数富豪尤其是犹太富豪都是十分节俭的。如美国连锁商店大王克里奇，他的资产数以亿计，但他从来就是吃1美元的午餐；美国克德石油公司老板波尔·克德有一次去参观狗展，在购票处看到了一块牌子写着："5时以后入场半价收费。"为节省下25美分，他在入口处等了12分钟后，才购半价票入场。

世界上流行这样的说法：犹太人是吝啬鬼。不错，节俭就是犹太人的特点，他们善于算计每一分钱，总是对物品斤斤两两计较，对金钱分分毫毫核算。犹太人不管多么富有，决不会随意挥霍钱财。犹太人的用钱原则是：只把钱用在该用的地方，花1美元，就要发挥1美元100%的功效。

犹太人弗兰西斯的父亲对他提出的忠告就是："我衷心地希望你事事开心如意，但我不得不提醒你要节俭。节俭对任何人来说都是一个必不可少的德行。然而，浅薄的人可能会轻视它。其实，节俭是通向独立的大道，而独立则是每个精神高尚的人所追求的崇高目标。"

作为商人,对物品斤斤两两计较及对金钱分分毫毫核算是职业本能的反映。如果不精打细算,不节约节俭,怎能获得经营的盈利呢?所以,在犹太人有关金钱的观念中,就有着"俭朴让人接近上帝,奢侈让人招致惩罚"、"赚钱不难,用钱不易"这样一些教诲。

洛克菲勒早年在一家大石油公司做焊接工,任务是焊接装石油的巨大油桶。要焊接就会有焊条的铁渣掉落,他发现每焊接一个油桶要掉落的铁渣每次都是509滴,他想,要焊接那堆积如山的油桶要浪费多少焊条呀!

于是,他改进了焊接的技术和焊接的方法,让每次滴落的铁渣少1滴,变成508滴。这样,这家石油公司全年就可以省下高达5.7亿元的成本。而洛克菲勒本人也因此获得了一次极佳的晋升机会。

当他有了一些积蓄的时候,便开始自己创业。刚开始经营时步履维艰,他朝思暮想发财却苦于无方。有一天晚上,他从报纸上看到一则出售告诉人们发财秘诀的书的广告,他高兴至极,第二天急急忙忙到书店去买了一本。他迫不及待把买来的书打开一看,只见书内仅印有"勤俭"二字,结果大为失望。不过,他反复思考后,觉得此书言之有理。此后,他将每天应用的钱加以节省储蓄,同时加倍努力工作,千方百计增加一些收入。这样坚持了5年,积存下800美元,然后将这笔钱用于经营煤油,终于成为美国屈指可数的大富豪。

拥有几十亿美元的家产后,洛克菲勒还是非常节俭。他曾向秘书借5美分打公用电话,归还时秘书不好意思要,可他反而教训秘书:"5美分是1美元的年利呢!"更夸张的是,他向自己邀请来家的客人收取10美元的住宿费。他不仅自己生活非常俭朴,而且时时刻刻都在给儿女们灌输节约的价值观。他对女儿说如果煤气费用降下来节省的费用就都归她,于是他的女儿看到没有人在用的煤气灯,就去把它关了。

犹太人就是这样,既千方百计努力,同时也想尽各种办法节省不必要的开支,这样才使其生意获得更多的盈利。他们精打细算,成本能省一厘就省一厘,价格能高一分就是一分,其斤斤计较简直到了无以复加的地步。

由此我们可以看出,犹太人经商致富的最大秘诀就是,既"开源"——想尽一切办法赚钱,又"节流"——处处节省开支。

第三章

借力登梯才能爬得更高

犹太人认为,做生意靠单打独斗,靠个人能量永远成不了大气候。犹太人做事、做生意很善于借力——朋友之力、合作伙伴之力、可以凭借的任何资源之力,借力使力,可以让自己站得更高,走得更远。

1 只有傻瓜才拿自己的钱去发财

在犹太商人中广为流传着一句名言:"只有傻瓜才拿自己的钱去发财。"美国亿万富翁马克·哈罗德森说:"别人的钱是我成功的钥匙。把别人的钱和别人的努力结合起来,再加上你自己的梦想和一套奇特而行之有效的方法,然后你再走上舞台,尽情地指挥你那奇妙的经济管弦乐队。其结果是,在你自己的眼里,成为富人不过是雕虫小技,或者说不过是借鸡生蛋,然而,世人却认为你出奇制胜,大获成功。因为,人们

下篇 经商智慧：成为生意场上规则的制定者

根本没有想到竟能用别人的钱为自己做买卖赚钱。"

很多成功的犹太商人在创业的初始阶段财力有限，因此无本经营成为他们的首选，他们想出来的办法通常是"借钱赚钱，借钱发财"。犹太商人的变钱之道值得借鉴，在必要的情况下，要敢于借贷、善于用贷，走一条借钱生钱的发财路。

借钱赚钱是无本经营者最普遍使用的一种方法，毕竟两手空空，身无分文，不论办什么事都举步维艰，所以只有靠借才能有出路。

世界著名的犹太商人丹尼尔·洛维洛，其创业之初也是一无所有，但是靠着自己的聪明才智，他终于筹集了一笔可观的资金，为自己成为"世界船王"奠定了基础。

1897年6月，丹尼尔·洛维洛出生在密歇根州的兰海芬。小时候的丹尼尔性格孤僻，沉默寡言，唯一的兴趣就是船，经常划船让他不再那么寂寞。他常常梦想着自己家里拥有好多好多的船，而这些船能够到达任何他想到达的地方。

9岁那年，他成了一个名副其实的小"船主"。一天，他发现一艘沉下的小汽艇，便毫不犹豫地向父亲借了25美元将它买了下来。打捞汽艇并将船修好，花了整整一冬天的时间。不过，令他高兴的是第二年夏天，就顺利地将船租了出去，丹尼尔就这样赚取了他人生当中的第一个50美元。除去父亲的25美元，他净赚25美元。从那时起，他就立志当一个拥有数百条船的船主。但是，直到40岁时，这一美梦才实现。

1937年，丹尼尔·洛维洛来到纽约，他总是匆匆地在几家银行之间穿梭，做着与儿时相同的事——借钱买船。他想向银行贷款把一艘船买下来，改装成油轮，因为当时载油比载货赚的钱多得多。

当银行的人问起他有什么可做相应抵押的时候，他说，他有一艘老油轮在水上，正在跑运输。接着，丹尼尔将自己的打算告诉对方，他把油轮租给了一家石油公司。他每个月收到的租金，正好可每月分期偿还他要借的这笔款子。所以，他决定把租契交给银行，由银行定期向那家石油公司收租金，这样也就可以分期还款了。

这种做法让人无法理解，许多银行都对他的这种做法不以为然，叫他不要痴心妄想。但实际上，这种做法对银行是相对保险的。丹尼尔·洛维洛本身的信用或许并非万无一失，但那家石油公司却是可靠的。银行可以假定石油公司按月支付贷款，除非有预料不到的重大经济灾祸发生。换一个角度去考虑，如果丹尼尔把货轮改装成油轮的做法失败了，但只要那艘老油轮和石油公司存在，银行还是能够收回贷款的。最后，银行终于同意借钱给丹尼尔。

丹尼尔·洛维洛用这笔钱买了他要的旧货轮，改成油轮租了出去，然后再利用它去借另一笔款子去买一艘船。如此反复，每当一笔债付清了，丹尼尔就成了某条船的主人。租金不再被银行拿去，而是由他放进自己的口袋里。

就这样丹尼尔·洛维洛没掏一分钱，便轻松拥有了一支庞大的船队，并赢得了一笔可观的财富。

不久，丹尼尔脑海里又形成了一个利用借钱来赚钱的方法。他自己设计一艘油轮，或造其他用途的船，在还没有开工建造时，他就设法去找客户，在船造完后把它租赁出去，于是拿着租赁契约，他又可以到一家银行去借钱造船。这种借款的还款方式是延期分摊，银行要在船下水之后，才开始收回贷款。只要船下水，租费就可转让给银行。于是这项

下篇 经商智慧：成为生意场上规则的制定者

贷款就这样分期付清了，当最后一期贷款付清的时候，丹尼尔·洛维洛就顺理成章地成了又一艘船的船主，在这个过程中他一分钱都没有花。

银行听说了他的这个计划后都大为震惊。当他们仔细研究之后，觉得他的计划简直就是天衣无缝。此时丹尼尔的信用已没有问题，何况，还与从前一样，有租船人信用加强还款的保证。

就这样，丹尼尔·洛维洛的造船公司迅速发展壮大起来，这时他已经成为一位超级富豪了。丹尼尔·洛维洛拥有的私人船只吨位是全世界第一，连奥纳西斯和尼亚斯两位大名鼎鼎的希腊船王也甘拜下风。

初涉商场的经营者创业时，要有一定的资金才能使自己的事业有效地运转起来。不论是多么好的目标、设想和计划，如没有一定的经济实力作为支撑，只能是纸上谈兵。这就不难理解为什么许多的经营者都认为资金是维系事业生命的血液了。

现实生活中，筹措资金的方法有多种，但是向银行贷款还是主要的筹措方法。可总是有许多经营者前怕狼、后怕虎，不敢借贷，不愿举债，从而耽误了许多发家致富赚钱发财的机会。

其实，在某些时候，机会使得你强迫自己贷款，这样能够帮助自己达到获取利润的目的。把从银行贷来的钱用于投资看准了的项目，一年或两年之后，当你还清本息，你的银行账户上还可以留有一大笔钱。当然，你必须首先还清本息，并且贷款利息要高得很。然而，你还是赚了钱，这笔钱是如何赚来的呢？因为贷款的利息是一笔惊人的财富，它是督促你加紧干活的最有力的动力。如果你不使资金周转起来并创造利息，你可能连贷款的利息都还不上。

爱默生说过："我最需要的就是让别人来强迫我做那些我自己能做，

并且该做的事情。换句话说，就是需要一种压力。"当你向银行贷了一笔款时，你会有一种自然而然的压力。正是因为这种压力的存在，才使你不得不放弃消费的打算，同时，也会改掉懒散的坏习气，你会让手里的资金很快周转起来，自觉或不自觉地投入生意之中。

当然，有利必有弊，借债也是如此，成功的犹太经营者们常常这样说："借债就是一把双刃剑，你若小心运用会使你致富，你若不小心，会适得其反。"犹太人在借贷之前，一般要看借的是什么债。若是消费性借贷，那应极力避免，如果是"投资性借贷"，可视为另一种情况。事实上，很少有白手起家的富翁是不借债的。富人之所以能够成功，是因为他们深谙借钱、贷款的力量。

美国可口可乐公司的前任董事长伍德拉是位极保守的金融家。他一生最厌恶负债，经济萧条前夕，他刚好偿清公司的全部贷款。一次，当公司里一位财务负责人要以9.75%的利息去借一亿美元的资金来兴建新建筑时，他马上回答说："可口可乐永远不借钱！"虽然他的谨慎战略使可口可乐公司在经济大萧条中免遭灭顶之灾，但也因此产生副作用，使这个公司发展极其缓慢，不能进入美国大公司之林。

后来，戈苏塔担任了公司董事长的职务，一改前任的作风，看准方向，大举借款。他接手时，可口可乐公司资本中不到2%是长期债务，而戈苏塔上任后把长期债务猛增到资本的18%，这种举动使同行们大惊失色。戈苏塔用这些资金来改建可口可乐公司的瓶装设备，并大胆投资于哥伦比亚影片公司。他说："要是看准了兼并对象，我并不怕增加公司的债务负担。"这种不怕负债的勇气将可口可乐公司从困境中解救出来，公司的利润一下子增长20%，股票也开始上涨。可口可乐也慢

下篇　经商智慧：成为生意场上规则的制定者

慢向世界大公司的行列靠拢。

戈苏塔不怕负债的勇气来自看准方向基础之上的正确决断。他不是滥借贷款，加重公司负担，而是将债款用到生产的关键环节上。这样，暂时的负债会赢得长时间的盈利，最终债务也会彻底清偿。如果畏首畏尾，不敢冒借债的风险，那么企业就会永远失去发展的机会，最终会在市场竞争中失败。对一个公司来说如此，对经营者来说又何尝不是如此？

事实证明，天才的赚钱者了解并能充分利用借贷。世界上许多巨大的财富起始之初都是建立在借贷上的，靠借贷发家是白手起家的经营者的明智之举。记得法国著名作家小仲马在他的剧本《金钱问题》中说过这样一句话："商业，这是十分简单的事。它就是借用别人的资金！"

大多数初出茅庐的创业者并没有多少钱，如果要拿几万、几十万去开创一点事业，并不是一件简单的事情。一个白手创业者如果真是身无分文，要想起家那就机会渺茫了。做任何生意、办任何实业都应以最基本的本钱为起点，所以，对于现在大多数仍处于白手起家的朋友来说，头一件要紧事就是通过各种途径去筹集创业所需的基本资金。

市场经济中，敢于借贷、善于用贷、巧于用贷、会通过别人的钱来发财的创业者，才是高明的经营者。不要让"既无内债，又无外债"的小本经营思想理念左右了自己，从而失去扩大经营、壮大企业的机会。

"如果你能给我指出一位百万富翁，我就可以给你指出一位大贷款者。"犹太人威廉·立格逊在他的《我如何利用我的业余时间，把一千美元变成三百万美元》一书中这么说。

一切都是可以靠借的，借资金、借技术、借人才，这些为自己所用的东西都可以拿来。这个世界已经准备好了一切你所需要的资源，你所要做的仅仅是把它们搜集起来，并用智慧把它们加以有机地组合。这就是犹太人的思维方式，意思是说，生意人应该尽力贷款，借助银行的资金为自己办事，如果你不能借用别人的资金，做生意是极为困难的。

看看犹太富翁们发家的历史就会发现，他们在短短的二三十年就成为远近闻名的富豪。他们发财的速度之快是让人咋舌的。

著名的希尔顿从被迫离开家庭到成为身价5.7亿美元的富翁只用了17年的时间，他发财的秘诀就是借用资源经营。他借到资源后不断地让资源变成新的资源，最后他自己成了全部资源的主人——一名亿万富翁。

希尔顿年轻的时候特别想发财，可是一直没有机会。

一天，他正在街上转悠，突然发现整个繁华的优林斯商业区居然只有一个饭店。他就想：我如果在这里建一座高档次的旅店，生意准会兴隆。于是，他认真研究了一番，觉得位于达拉斯商业区大街拐角地段的一块土地最适合做旅店用地。他调查清楚这块土地的所有者是一个叫老德米克的房地产商之后，就去找他。老德米克给他开了个价，如果想买这块地皮就要希尔顿掏30万美元。

希尔顿不置可否，却请来了建筑设计师和房地产评估师对"他"的旅馆进行测算，其实，这不过是希尔顿假想的一个旅馆。他问按他设想的那个旅店需要多少钱，建筑师告诉他起码需要100万美元。

希尔顿只有5000美元，但是他成功地用这些钱买下了另外一个小旅馆，并不停地升值，不久他就有了5万美元，然后找到了一个朋友，请他一起出资，两人凑了10万美元开始建设这个新旅馆。当然这点钱还不够买地皮的,离他设想的那个旅馆还相差很远。许多人觉得希尔顿这个想法是痴人说梦。

希尔顿再次找到老德米克签订了买卖土地的协议,土地出让费为30万美元。然而就在老德米克等着希尔顿如期付款的时候,希尔顿却对土地所有者老德米克说:"我买你的土地,是想建造一座大型旅店,而我的钱只够建造一般的旅馆,所以我现在不想买你的地,只想租借你的地。"

老德米克有点恼火,不愿意和希尔顿合作了。希尔顿非常认真地说:"如果我可以只租借你的土地的话,我的租期为100年,分期付款,每年的租金为3万美元,你可以保留土地所有权,如果我不能按期付款,那么就请你收回你的土地和我在这块土地上建造的饭店。"老德米克一听,转怒为喜:"世界上还有这样的好事? 30万美元的土地出让费没有了,却换来270万美元的未来收益和自己土地的所有权,还有可能包括土地上的饭店。"于是,这笔交易就谈成了,希尔顿第一年只需支付给老德米克3万美元就可以了,而不用一次性支付昂贵的30万美元。就是说,希尔顿只用了3万美元就拿到了应该用30万美元才能拿到的土地使用权。这样希尔顿省下了27万美元,但是这与建造旅店需要的100万美元相比,差距还是很大的。

于是,希尔顿又找到老德米克:"我想以土地作为抵押去贷款,希望你能同意。"老德米克非常生气,可是又没有办法。

就这样,希尔顿拥有了土地使用权,于是从银行顺利地获得了30万美元,加上他支付给老德米克3万美元后剩下的7万美元,他就有了37万美元。可是这笔资金离100万美元还是相差很远,于是他又找到一个土地开发商，请求他一起开发这个旅馆。这个开发商给了他20万美元，这样他的资金就达到了57万美元。

1924年5月，希尔顿旅店在资金缺口已经不太大的情况下开工了。但是当旅店建设了一半的时候，他的57万美元已经全部用光了，希尔顿又陷入了困境。这时，他还是来找老德米克，如实述说了资金上的困难，希望老德米克能出资，把建了一半的建筑物继续完成。他说："旅店一完工，你就可以拥有这个旅店，不过你应该租赁给我经营，我每年付给你的租金最低不少于10万美元。"

这个时候，老德米克已经被套牢了，如果他不答应，不但希尔顿的钱收不回来，自己的钱一分也回不来了，他只好同意。而且最重要的是自己并不吃亏——建希尔顿饭店，不但饭店是自己的，连土地也是自己的，每年还可以拿到10万美元的租金收入，于是他同意出资继续完成剩下的工程。

1925年8月4日，以希尔顿名字命名的"希尔顿旅店"建成开业，希尔顿的人生开始步入辉煌时期。

希尔顿就是用借的办法，用5000美元在两年时间内完成了他的宏大计划，不能不说他是善于利用别人的高手。其实这样的办法说穿了也十分简单：找一个有实力的利益追求者，想尽一切办法把他与自己的利益捆绑在一起，使之成为一个不可分割的共同体，让他帮助自己实现自己的目标。

做生意总得要本钱的，但本钱总是有限的，连世界首富也只不过拥有几百亿美元左右。但一个企业，哪怕是一般企业，一年也可做几十亿美元的生意，如果是大企业，一年要做几百亿美元的生意，而企业本身的资本只不过几亿或几十亿美元。他们靠的就是资金的不断滚动周转，把营业额做大。一个企业会不会做生意，很重要的一条就是看它能否以较少的资金做较多的生意。

2 借来东风好赚钱

做生意首先要看清形势，这点是任何人都不会怀疑的。大至世界格局的重组，小至市场需求的改变，都要看得明明白白才能够赚钱。比如国家鼓励发展什么，限制发展什么，对经商赚钱更是有直接的关系。选对了方向，赚钱就会事半功倍、轻而易举。

哈默成功的奥秘就是善于"借东风"。他20岁时接管了父亲的一家小医药公司。当时美国禁酒，但有一种药——姜汁酊具有刺激性，是酒很好的替代品。于是，哈默瞅准了这个机会，将原来只有20人的工厂迅速扩充到1500人，全力生产这种产品，仍供不应求。后来他干脆派人到世界各产姜地，将姜全部收购，垄断了姜的来源，使别人无法与之竞争，从而创造了他的第一笔财富。

在1925年，哈默发现苏联居然不能自制铅笔，完全依赖进口，而一支铅笔在苏联的售价是美国的10倍。哈默又看准了这个机会，经过与苏联政府的谈判，以5万美元的保证金获得了10年生产权。哈默的铅笔厂在以后的10年里是全苏联唯一的铅笔厂，而且他的名字"哈默"

印在每一支铅笔上，成为苏联家喻户晓的人物。

如果认准了大势，但自身的力量太单薄，或者不具备必要的条件，就好像"万事俱备，只欠东风"，怎么办呢？这个时候就需要学学诸葛亮"借东风"，借助外在的力量，比如政府的政策、银行的资金、他人的智慧等来帮助自己赚钱。在这方面，犹太人又是高手！

一个犹太书商出了本书，很久都销不出去，他急中生智，送了一本给美国总统看，总统顺口说了句："这本书很好。"于是书商就对外宣传：这是一本让总统都说好的书。结果该书被抢购一空。

第二次，犹太书商又出了本书，再次给总统送了一本，总统心想，上次让你赚了钱，这次我就说不好，看你怎么办？于是就说："不好！"结果书商就宣传：这是一本让总统说不好的书。结果还是被抢购一空。

第三次，书商又送一本书给总统，总统这次精了，不做任何表态。这也难不倒犹太人，这次书商这样宣传：这是一本让总统都不置可否、无法下结论的书。结果，这本书卖得更好。

犹太人就是这样善借东风，凡是可以借用的资源，名人、市场、资金、技术，都会想法去借，而且往往还能够借得来。犹太人认为，一切都是可以借的，不管是资金、技术还是人才。而且，世界已经有着一切自己所需要的资源，所要做的仅仅是把资源借用过来，为自己所用，替自己赚钱。这就是犹太人的思维方式。

世界船王洛维洛起家时只有一艘老油轮，他将油轮以很低的价格租给一家实力雄厚的石油公司，然后借助这层关系从银行贷款购买新油轮，所以很快有了颇具规模的航运公司。"二战"后罗恩斯坦借自己美国公民的身份，为即将被法军接收的斯瓦罗斯基公司说话，从而获得该公司的独家代销权。类似的事例很多很多。

阿迪达斯公司最初不过是一个家庭作坊，就是因为他们借了体育这个东风，结果变成了国际著名的体育用品公司。

70年前，阿迪达斯兄弟俩在母亲的洗衣房里开始了制鞋业。弟兄俩很重视品质，不断地在款式上创新，他们不厌其烦地量顾客脚的尺寸、形状，然后制鞋，于是每一双鞋都能满足消费者的要求。由于受到顾客的普遍欢迎，家庭制鞋坊没几年就扩展成一家中型制鞋厂。

1936年的奥运会来临前，兄弟俩发明了短跑运动员用的钉子鞋。当他们得知短跑名将欧文斯很有希望夺冠的消息后，就免费将钉子鞋送给欧文斯试穿，后来欧文斯不负众望，果然在比赛中一人独揽4枚金牌。随着欧文斯的一举成名，阿迪达斯鞋厂的产品也成了畅销货，并开始走向世界，鞋厂也就变成了阿迪达斯公司。

用体育以及体育明星这股东风来帮助自己太有效了。此后，兄弟俩经常使用这种手法，而且屡试不爽。后来，他们又发明了可以更换鞋底的足球鞋，并把新产品免费送给德国足球队。

在1954年世界杯足球决赛上，因为比赛前下了一场雨，所以比赛是在泥泞中进行的。匈牙利队员在场上踉踉跄跄，而穿着阿迪达斯足球鞋的联邦德国队员却健步如飞，击败了对手，第一次获得了世界杯冠军。从此，阿迪达斯品牌名扬天下。

为了借好东风，兄弟俩对运动员的服务十分真诚。比如，在一次世界杯足球赛上，有一位德国主力队员的脚受了伤，阿迪达斯公司连夜为他赶制了一双特殊球鞋，让他在最短时间内可以重上球场；还有一次，有一位苏联足球队员穿的鞋子不合脚，公司的人马上描下他的脚样，立即坐飞机回公司,连夜为这位苏联足球队员赶制了一双合脚的鞋子。

为了扩大市场,阿迪达斯公司将商品2%~6%的利润拿出来作为回报,他们千方百计地让更多的优秀运动员穿上他们公司的鞋子。因为阿迪达斯公司的慷慨赞助,在蒙特利尔奥运会上,147枚金牌中有124枚的金牌得主是穿阿迪达斯产品的运动员。在西班牙世界杯大赛中,所有运动场上活动的人员中有3/4全身披挂阿迪达斯的产品。运动员在大赛中穿着阿迪达斯的鞋子跑步、踢球,这活广告比花钱做任何电视广告都有效果。

一个人的能力总是有限的,想要获得巨大成功,必须善于借东风。犹太人善于借东风还表现在,他们能够借最大的东风,而最大的东风,无疑就是当地的政府以及政府官员。有时候,他们只要简单地点一下头、签一个字,就能够赚到大把大把的钞票。

犹太人不管在哪里做生意,总是想方设法打听是哪些官员手握实权,并找机会接近和结识他,从而为自己的经营创造良好的外部环境。

犹太人都善于结交政界要人,罗斯柴尔德25岁就成了"宫廷御用商人",在旧上海做生意的哈同竟然与清朝王室攀上了亲戚,但最厉害的要算美国的石油巨头洛克菲勒,他始终奉行着"善走上层路线者必成强者"的观点,利用政府部门的优势和权威来为自己说话。每次在关键时刻,洛克菲勒那些政界的朋友总为他说话,因此他能打败很多竞争对手,独霸世界石油业。

1890年,俄亥俄州最高检察厅厅长华特森指控洛克菲勒的标准石油公司违反了《垄断禁止法》。一时间,双方各不相让,都请到了全美最好的律师。华特森更是做了充分准备,好像非要将洛克菲勒拉下马,一副生死决战的架势。

这时候,洛克菲勒的少年好友马克,一位美国医学界的权威、总统都要礼让三分的参议员,以鲜明的立场站到了洛克菲勒一边。而且,马克还给华特森写了一封信,信中说:"受到你指控的并不是社会舆论所指责的组织资本,而是带给国民很多好处的标准石油公司。洛克菲勒一直领导着公司参与自由竞争。您的指控是否存在严重谬误呢?"

经过马克这么一折腾,一个经济问题变成了政治问题。华特森很快就知趣地撤诉了。

不仅在国内纵横不倒,在国际市场上,洛克菲勒也是左右逢源。那是因为美国历任驻外使节都保持着支持标准石油公司的"传统友谊",相当于兼任着标准石油公司的大使。

比如,当俄国皇帝希望罗斯查尔银行投资巴统铁路建设时,巴库的美国领事立即给洛克菲勒发去密电:"俄国准备把美国石油驱逐出国际市场。"在巴统铁路竣工通车之际,驻土耳其的美国大使马上给洛克菲勒送去介绍巴库原油形势的详细资料。

在对付最大的对手——荷兰人达提尔汀古时,洛克菲勒也运用了他惯用的政治手腕。他通过标准石油在伦敦的批发代理商,与英国的"上层路线"达成默契,鼓动英国财政要人向议会及新闻界施压,将荷兰人挤出了英国的巨大石油市场。

其实,从洛克菲勒财团就走出了不少政要,比如达瑞斯、拉斯克、季辛吉这三任美国国务卿,所以洛克菲勒与政府的关系才能这么铁。有人甚至戏称他的财团就是"美国政治要人的培训学校",而洛克菲勒本人,当然就是校长。

"以经济影响政治,以政治左右经济",犹太人洛克菲勒就是用这个信条借来了最大、最长久的"东风"。

"好风凭借力,送我上青天"。善于借助别人的力量为自己所用,做事情就能够事半功倍,更容易达到目的。不论是在商界还是在科技界,犹太人的成功者众多,善借东风就是他们成功的原因之一。

3 成功者都有一套借力的本领

一个人能竭尽全力去完成一项事业,这是难能可贵的,也是必须做到的。如果一个人没有自己的奋斗目标,又不肯付出自己的努力去实施自己的计划,这个人很难事业有成。但是,仅靠一个人或一个团体的力量是不足的,特别是在当今社会科学技术高度发达的情况下,门类众多,社会分工精细,一个人或一个团体所掌握的科学技术知识是极其有限的,在某些科学技术乃至具体工作环节上,哪怕是最杰出的人物或团体,也不可能独自完成,必须借助别人的力量才能完成。

一个人或一个团体,凡是善于借助别人力量的,均可事半功倍,更容易、更快捷地达到成功的目的。在商界或科技界成功的众多犹太人,普遍都具有善于借助别人之智的本领。

犹太人密歇尔·福里布尔经营的大陆谷物总公司,能够从一家小食品店发展成为一家世界上最大的谷物交易跨国企业,主要应归功于其善于借助先进的通讯科技和善于借助大批懂技术、懂经营的高级人才。他不惜成本，不断采用世界最先进的通信设备，宁肯付出极高的报酬聘请有真才实学的经营管理人才到公司工作。这样，使其公司信息灵通，操作技巧精通，竞争能力总胜人一筹。他虽然付出了很大代价取得这些优势，但他借用这些力量和智慧赚回的钱远比他支出的大得多，可谓"吃小亏占大便宜"。

在人类的一切活动中，任何一项成功的事业，都是借用前人智慧的结晶，在前人的基础之上使自己的能力得到最大限度的发挥。当今企业的竞争说到底就是人才的竞争，或者说是以人为本的竞争，现在所有的现代化大企业都有这样一个共同特征，就是有一种慧眼识人的能力，企业在用人的时候，往往能够抓住别人的优点，把每一个员工的职责都分配得十分恰当，使每个员工的力量和智慧能淋漓尽致地发挥出来。正是这种资源配置的优化，才使得整个公司的效率最大化。美国钢铁大王卡耐基曾预先写下这样的墓志铭："睡在这里的是善于访求比他更聪明者的人。"的确，卡耐基能够从一个默默无闻的铁道工人变成一个世界知名的钢铁大王，是他能够发掘许多优秀人才为他工作，使他的工作效率增值了成千上万倍的结果。

美国前国务卿基辛格，就是一位典型的巧于借用别人力量和智慧的能手。他有一个习惯，对下级呈报上来的工作方案或议案，他先不看，压在手上3天后，把提出方案或议案的人叫来，问他："这是你最成熟的方案（议案）吗？"对方思考一下，一般不敢肯定是最成熟的，只好回答说："也许还有不足之处。"基辛格即会叫他拿回去再思考和修改得完善些。

过了一些时间后,提案者再次送来修改过的方案(议案),此时基辛格审阅后问对方:"这是你最好的方案吗?还有没有别的比这方案更好的办法?"这又让递交提案者进入更深层次的思考,把方案拿回去再研究。犹太人基辛格就是这样反复让别人深入思考研究,用尽最佳的智慧达到自己所需要的目的。

我国三国时代的诸葛亮是位善借势、借力的能手,如他一手策划的孙刘联兵,火攻曹军的"万事俱备,只欠东风"一例就是典型,还有"草船借箭"也是巧在"借"字上。事实上,自从人类走上文明之路时起,一直在寻求借势的方法,正因为不断地创造了各种"借"的方法,所以使人类不断走向文明。

阿基米德的杠杆原理便是人类对"借"力最完美的体现。随着时代的进步,人们知道把大小不同的滑轮加以组合,就可以用更小的力量举起更重的物体。今天,只要一个人坐在起重机的座椅上,就可以搬动几十万斤的钢架、货柜。人类依靠头脑的智慧,使人的力量史无前例地得到了发挥。

在科学技术和文化艺术领域也一样,凡是获得成功者都有一套善于"借"的本领,牛顿曾说:"我成功靠的是站在巨人的肩上。"犹太民族有那么多的学者能获得诺贝尔奖,有那么多科学家创造出世界级的发明,都是在前人创造的基础上升华出的。如物理学家布洛赫,他能够在原子核磁场方面取得前人未有的成就,与他得到著名物理学家、量子学奠基人海森堡的指导和影响是分不开的。

总而言之,犹太人懂得任何事业都不能一步登天,而只能靠一点一滴地积累,不过"登天"的办法并不是唯一的,而是多种多样的,办法得当,则可快捷毫不费劲。善"借"力量,则是一种快捷并省力的诀窍。

4 创业阶段更要善于借力

犹太人追捧的一条格言是:一切为我所用,方能事半功倍。

20世纪50年代,乔治·约翰逊创建了约翰逊黑人化妆品公司,当时只有500元资金、3名职工。约翰逊想独占美国黑人化妆品市场,可是在他面前有一个巨大的障碍,那就是佛雷公司,当时黑人基本上都用它的化妆品。约翰逊集中全力研制的"粉质化妆膏"无法打开局面,虽然做过广告,但效果并不明显。

于是,约翰逊想了一个办法,他亲自设计了一段广告词:"当你用完佛雷公司的化妆品后,再擦上一次约翰逊公司的粉质化妆膏,将会产生预想不到的效果。"公司同事对他的广告词极为不解,埋怨他在给佛雷公司做广告。约翰逊则不以为然地说:"我们这样做,就是因为它们的名气大。比如说,现在很少有人知道我叫约翰逊,但我如能想办法和美国总统站在一起的话,我马上就会成为家喻户晓的名人了。同理,佛雷公司的化妆品在黑人社会中享有盛誉,如果我们的产品和这个名牌同时出现,表面上我们是在帮佛雷公司,实际上却提高了我们产品的声望和知名度啊。"

正如约翰逊所言,这种方法果然使公司的产品迅速为顾客所接受,市场占有率大幅度上升。积累了足够的资本之后，约翰逊又通过一系列手段，终于把佛雷公司挤出了黑人化妆品市场，实现了自己独占美国黑人化妆品市场的愿望。

这个例子证明了一个道理：创业之时力量一般比较弱小，想办法借别人之力，可以让自己迅速壮大起来。

5　要善于集合他人的力量

做工作，没有众人的支持和拥护，肯定不会有成绩；有困难得不到别人的帮助，肯定会出问题。集合他人的长处，何愁大业不成？站在别人的肩膀上，还有谁会比你高呢？

犹太人有这样的一个寓言：

从前有个国王得了一种怪病，经医生诊断，此病只有喝了新鲜的狮子奶才能痊愈。然而谁敢去接触正在哺乳期间的母狮子呢？这不是叫人去白送死吗？所有的大臣都一筹莫展。

有一个聪明的男孩得知此事后，跑到王宫，允诺了这件事。

他每天跑到大山深处的狮子洞穴的出口，给母狮子送上新鲜的食物。母狮子正愁小狮子没多少吃的，就接纳了小男孩的"馈赠"，到了第十天，他和母狮子很亲密了，他可以自由地抚摸母狮子，终于顺利地取到了一点儿狮子奶，可以回去向国王交差了。

下篇 经商智慧：成为生意场上规则的制定者

就在男孩提着狮子奶回王宫的路上，男孩身体的各部分互相吵起架来，闹得不可开交。吵什么呢？原来它们争论谁在取奶的过程中最重要。

眼睛说："如果没有我，你们就看不见路，更看不见狮子，怎么取奶？"

手说："如果没有我，你们怎样取奶？又怎样把奶提回来？"

脚说："如果没有我，就到不了狮子洞，自然就取不来奶。"

舌头也突然加入辩论之中："如果不能说话，你们一点用处也没有。"

身体其他部位一听，更不服气，群起而攻之："你舌头软而无骨，完全没有价值，也敢跟我们相提并论？"

一看人多势众，形势不妙，舌头只说了一句："你们到时看吧！"就缄口不语了。

男孩进了王宫，舌头又开口说："到底谁最重要，你们马上就知道了。"

到了国王面前，男孩子献上狮子奶，国王闻了闻，分辨不出这是什么奶，便问那男孩子。

舌头开始说话了："这是狗奶。"

这时身体各部位才知道舌头的重要性，连忙向它道歉。很快，舌头改口说："不，说错了，尊敬的国王，这是货真价实的狮子奶。"

在犹太人眼中，任何事物的存在都是有用的，一时无用，另一时也许就有用。这个故事就说明了这个道理。

对于人来说也是如此，每个人都有长处，也有短处，选择合适的位置，长处就显示其优点，没有合适的位置则只见其短处了。在与人相处中，犹太人就是这样看待他人的，并与人和睦相处，努力使自己扬长避短。

6 善于借助时势成就一番事业

翻开英雄的历史,我们不难看出,他们之所以出类拔萃,卓尔不群,无不是因为他们把握了时代的脉搏,在大势来临之时占尽先机,成为时势的主宰,甚至扭转时势,变革社会。犹太人可以说是英雄辈出,尤其在商场中更是群星璀璨,多不胜数。

犹太人尤伯罗斯的案例就是明证。

1978年11月,美国洛杉矶市获得奥运会主办权,一个月后市议会立即通过一项不准挪用公共基金办奥运会的市宪章修正案,这无疑是给市政府出了一道难题。

洛杉矶市政府只好向美国政府求援,但美国政府对求援置若罔闻,明确表示分文无望。

在这种情况下,洛杉矶市身处绝境,只好向国际奥委会提出,请求允许以私人的名义主办奥运会,这个请求比较突然,因为历史上还从来没有过由私人主办的奥运会。万一这个人临阵脱逃怎么办?偌大的奥运会交由私人主办,国际奥委会的面子置于何处?更何况,国际奥委会有关《宪章》已明确规定只能由城市主办奥运会,如果还有另一个城市申请,国际奥委会就有了回旋的余地。然而,当时除洛杉矶之外没有别的国家或城市申请举办,国际奥委会一点儿退路都没有,《宪章》的这条规定第一次失败了,在万般无奈之下,国际奥委会同意了洛杉矶市的申请。

于是,洛杉矶奥运会筹备组开始"物色"一个能在市政府不贴一分钱的情况下办好奥运会的人选。他们拟定的理想标准是，这个人年龄在40岁~55岁之间，在洛杉矶地区生活过，熟悉洛杉矶及周边地区环境，喜欢体育运动，具有从经济管理到国际事务等多方面的经验。

电子计算机的屏幕在不停地闪动着，经过一次又一次的筛选，计算机里出现频率最高的名字就是——犹太人彼得·尤伯罗斯。

于是筹备组向尤伯罗斯发出了邀请。当筹备组的人谈起所谓"理想人选"的标准后，尤伯罗斯情不自禁地说："哦，这有点像我。"

他的妻子吉妮后来说："不是像他，就是他。这标准就好像是根据他的情况而定的。"

私人主办奥运会是奥运史上的第一次，虽然存在着发财的机会，但同时也意味着要冒很大的风险，一般人是不敢问津的，更何况前几届奥运会主办城市在财政上都是亏损的。

1972年，在原联邦德国慕尼黑市举行的第20届奥运会所欠下的债务，市政府多年都未还清。

1976年，加拿大蒙特利尔第21届奥运会，亏损达到10亿美元，使蒙特利尔的市民怨声载道。

1982年，在苏联的莫斯科举行的第22届奥运会耗资高达90亿美元，亏损更是空前。

1980年，在美国普莱西德湖举行的冬季奥运会，从财政和组织上来说，也是很不成功的。

纵观历届奥运会，举办奥运会是城市在财政上的一场"灾难"，谁主办谁就得不惜"血本"，更何况尤伯罗斯是私人主办奥运会。

现实即使如此，但尤伯罗斯却没有退却，他觉得承办奥运会是自己接受一次重大挑战的机会，他欣然接受筹委会的邀请。

奥运会是举世瞩目的，对一个国家、一个民族和一个城市来说，能够承办奥运会是一个巨大的荣誉。但是，奥运会的巨额费用常常使承办者苦不堪言，庞大的开支是承办奥运会的关键，筹集资金这个问题始终困扰着人们。

但尤伯罗斯毕竟是一个非同一般的人物，如果没有很大把握，他也不会接受这个任务。

犹太人说："只要你是用心的，任何东西都会变成商品。"

他们还说："能驾驭时势便能成大气候。"

这些话对尤伯罗斯来说恰如其分，毫不夸张。很快，尤伯罗斯便展开了他的工作。

尤伯罗斯决定利用各竞争对手的竞争心理，提高赞助收入。

尤伯罗斯规定，本届奥运会正式赞助单位中只接受30家，而且每一个行业只选择一家，每家至少赞助400万美元，赞助者可取得在本届奥运会上某项商品的专卖权，这样一来，各大公司就只好拼命抬高赞助额的报价。

百事可乐和可口可乐两个饮料供应商历来是对头，每一届奥运会都是两家正面交锋的战场。1980年莫斯科奥运会上，百事可乐占了上风，虽然赌注大了点，但毕竟打响了牌子，提高了销售量。可口可乐尽管自恃老大，但一不留神就会在竞争中落后，这次洛杉矶奥运会上，可口可乐决心一定要挽回自己"龙头老大"的面子。

尤伯罗斯向两家"面子"公司抛出了400万美元的底价。

百事可乐还在庆幸莫斯科的胜利之中，对竞标这次赞助准备不足，可口可乐则胸有成竹，一下子把赞助费提高到1300万，高出了尤伯罗斯底价的3倍多。

可口可乐的一位董事咄咄逼人地说，我们一下子多出900万，就是不给百事可乐还手的余地，一举将它击退。果然百事可乐没有还手，于是可口可乐成了此次奥运会饮料行业独家赞助商。

笑纳1300万美元后，尤伯罗斯又把目光对准了感光胶片的两位大亨：柯达公司和富士公司，报出的底价同样是400万美元。

柯达公司开始也想加入赞助者的队伍，但他们不肯接受尤伯罗斯的不得低于400万美元的条件，他们只同意赞助100万美元和一大批胶卷。尤伯罗斯没有答应，他还亲自飞到柯达公司的总部劝说他们接受组委会的条件，但心胸狭窄和傲慢的英国胶片巨头柯达公司自恃自己的资历和财力，没有向尤伯罗斯妥协半步，他们满以为有把握不改变条件便可获得独家赞助权，等待着尤伯罗斯的让步。

一向嗅觉灵敏的日本人似乎在这其中感觉到了什么，决心借此机会打入美国市场。富士公司暗中同尤伯罗斯讨价还价，最后富士公司以700万美元的价格买下了洛杉矶奥运会胶卷独家赞助权。

日本人来抢自己的市场，这是柯达公司没想到的，等到柯达公司意识到事态的严重时，富士胶卷已经充斥了美国市场，为此柯达公司广告部的经理被撤了职。

在汽车方面，美国通用汽车公司与丰田等几家日本汽车公司的竞争，更是热火朝天，彼此都竭尽全力以拼抢这"唯一"的赞助权……

据后来统计，此届奥运会企业赞助共计3.85亿美元，高出莫斯科奥运会40多倍。1980年的莫斯科奥运会的381家赞助厂商，总共赞助费仅为 900 万美元。

收入最高的莫过于把运动会实况电视转播权作为专利拍卖。

当初,尤伯罗斯的工作人员提出的最高拍卖价是 1.52 亿美元,遭到他的否定。为此他亲自出马先研究了前两届奥运会电视转播的价格,又弄清楚了美国电视台各种广告的报价,提出 2.5 亿美元的拍卖底价。

他还以 7000 万美元的价格把奥运会的广播转播权分别卖给了美国、澳大利亚等国。从此以后,广播电台免费转播体育比赛的惯例被打破了。

结果,在广播电视"专利权"方面,尤伯罗斯就筹集到了 2.8 亿美元。

奥运会开幕前,要从希腊的奥林匹克把火炬点燃空运到纽约,再绕行美国的 32 个州和哥伦比亚特区,全程 1.5 万公里,途经 41 个城市和近 1000 个镇,通过接力的形式最后传到洛杉矶,在开幕式上点燃火炬。

尤伯罗斯发现参加奥运会火炬接力跑是很多人梦寐以求、引以为荣的事情,于是他提出了一个大胆的设想:公开出卖参加火炬接力跑权利,规定凡是参加美国境内奥运火炬接力跑的人,每跑 1 公里,须交纳 3000 美元才能有资格参与。

此语一出,世界舆论哗然。尽管尤伯罗斯的这个做法引起了很多的非议,但他依然我行我素,最后大笔的款项还是如期收上来了,这一活动筹集到了 3000 万美元。

设立"赞助人计划票",凡愿赞助 2.5 万美元者,可提供奥运会期间每天获得最佳看台座位两个;每家厂商必须赞助 50 万美元,才能到奥运会的运动场做生意,结果有 50 家厂商,从杂货店到废物处理公司,都争相赞助。

组委会还发行各种纪念品、吉祥物,发行不多但都是高价出售。

下篇　经商智慧：成为生意场上规则的制定者

虽然奥运会的大多数项目的开支不能减少，但尤伯罗斯采取变通办法就节省了一大笔开支。

其一，洛杉矶1932年曾举办过奥运会，虽然现在奥运会的规模与当初不可同日而语，但以前奥运会的一些体育设施毕竟犹存，仍然可以用。于是他对这些场地简单地进行了修缮，这就为他节省了一大笔开支，而且也大大减少了工作量。

其二，尤伯罗斯正式聘请的工作人员只有200名，这与上届莫斯科奥运会有2000个职员比，刚好是1/10，节省了大量的工资支出。

随着奥运会的日益临近，整个洛杉矶已呈现出浓郁的喜庆气氛。由各公司赞助整修和重建的各种体育设施已焕然一新，洛杉矶市也装点得十分美丽。"功夫不负有心人"，尤伯罗斯用自己的"杰作"等待奥运会的开幕。

国际奥委会原主席萨马兰奇和主任贝利乌夫人视察了这些设施之后，拉住尤伯罗斯的手，非常满意地说："洛杉矶奥运会的组织工作是最好的、无懈可击的。"

全世界140多个国家和地区的7960名运动员使这届运动会的规模超过以往任何一届。整个奥运会期间，由于各方面的筹备工作到位，观众十分踊跃，场面热烈，门票销路顺畅。田径比赛时，9万人的体育场天天爆满，以前在美国属于冷门的足球比赛，在此次奥运会上，观众总人数竟然超过了田径，就连曲棍球比赛也是场场爆满、座无虚席。多杰尔体育场的棒球表演赛，观众几乎挤满了过道。

同时，几乎全世界在第一时间里都收看了奥运会的电视转播，令人眼花缭乱的闭幕式现场直播至今还留在人们的记忆中。

在奥运会结束的记者招待会上，尤伯罗斯宣称，本届奥运会第一次实现了盈利，大约有1500万美元左右。一个月后组委会统计的详细数字表明本届奥运会盈利2.5亿美元。

洛杉矶奥运会以其财政上前所未有的成功为后来的奥运会树立了榜样，这一结果证明尤伯罗斯确实算得上一个经营天才，当然这个天才也只有在奥运会这样规模空前声势浩大的场合才能显露出本色。他成功地把一届政府都不敢染指的大事办成，而且也攫取了丰厚的回报。

"借时势而成气候"，尤伯罗斯不是第一人，他只是犹太人中的一个代表，当然也是犹太人推崇的榜样，这也如一面镜子，世人都可以对照仿效，以期成就大气候。